|本书出版得到以下项目资助|

国家自然科学基金（61502115，U1636103）

中央高校基本科研业务费专项资金（3262018T02，3262017T12）

深圳市技术攻关项目（重 20170354）

中文自然语言处理导论

黄锦辉 等◎著

徐睿峰　李斌阳　黄锦辉◎译

科学出版社

北京

图字：01-2017-3912 号

内 容 简 介

本书主要向具备计算机处理基础的读者介绍中文自然语言处理问题和技术。由于中西方语言处理方法之间的主要区别集中在词汇层面，所以本书主要讨中文形态分析，主要内容包括中文自然语言处理技术介绍、中文词素处理、中文分词、未登录词识别、中文词汇的语义表达、中文搭配等。

本书可作为计算机科学相关专业的教学参考书，也可供相关领域研究人员和工程技术人员使用。

图书在版编目 (CIP) 数据

中文自然语言处理导论/黄锦辉等著；徐睿峰，李斌阳，黄锦辉译.
—北京：科学出版社，2018.10
书名原文: Introduction to Chinese Natural Language Processing
ISBN 978-7-03-059044-2

I. ①中⋯ II. ①黄⋯ ②徐⋯ ③李⋯ III. ①中文—自然语言处理
IV. ①TP391

中国版本图书馆 CIP 数据核字(2018)第 230902 号

责任编辑：郭勇斌 肖 雷 / 责任校对：王晓茜
责任印制：徐晓晨 / 封面设计：蔡美宇

科 学 出 版 社 出版
北京东黄城根北街 16 号
邮政编码：100717
http://www.sciencep.com

北京中石油彩色印刷有限责任公司 印刷
科学出版社发行 各地新华书店经销
*
2018 年 10 月第 一 版 开本：720×1000 1/16
2020 年 1 月第二次印刷 印张：9
字数：166 000
定价：78.00 元
（如有印装质量问题，我社负责调换）

作者简介

黄锦辉，1987 年获得苏格兰爱丁堡大学博士学位。现任香港中文大学系统工程与工程管理学系教授，中国东北大学和北京大学兼职教授，研究方向为中文计算，并行数据库和信息检索，先后在多个国际期刊、会议、书籍中发表了该领域的 200 余篇论文。系 ACM 汇刊《亚洲语言处理》（TALIP）的创始主编，国际期刊《东方语言计算处理》的联合主编，《分布式并行数据库》《计算语言学和中文处理》和《中文处理》的编辑委员之一。担任 APWeb'08（中国沈阳）和 AIRS'2008（中国哈尔滨）会议的联合主席，IJCNLP'2005（韩国济州）会议的程序委员会联合主席，以及 VLDB2002 会议的小组联合主席。

李文捷，自 2001 年起担任香港理工大学计算机系副教授，1988 年和 1993 年分别获得天津大学系统工程专业学士学位和硕士学位，1997 年获得香港中文大学信息系统专业博士学位。主要研究方向包括信息抽取、文本摘要、自然语言处理和时间信息处理。已发表超过 100 篇国际期刊和核心会议论文，现任《计算机语言处理》副主编。

徐睿峰，2008 年以来担任香港城市大学中文、翻译及语言学系研究员。哈尔滨工业大学学士毕业，香港理工大学计算机科学系硕士和博士毕业。论文及博士后工作侧重于中文词搭配，本书也集成了其中一些研究成果。现从事文本挖掘、意见分析及信息抽取。

张正生，自 1990 年起担任圣地亚哥州立大学语言学和亚洲/中东语言系副教授。首都师范大学（北京）英语专业学士毕业，俄亥俄州立大学语言学硕士和博士毕业。研究方向包括中文语言学（音调音韵、方言、功能语法/语篇分析和中文文字），外语教学及语言教学技术的使用。目前在语料库统计的基础上研究中文语音和写作的变化模式。现任《汉语教师协会》期刊主编。

译 者 序

自然语言处理是计算机科学领域与人工智能领域中的重要方向，也是一门融合语言学、计算机科学、数学和认知科学于一体的交叉学科。它主要研究实现人与计算机之间用自然语言进行有效处理和理解的各种理论和方法。自然语言词汇量大，规则复杂，处处充满歧义，但它是人类最重要的交际工具，也是人类思维、文化和一切知识的载体。因此，自然语言处理研究是构建真正的人工智能体系不可或缺的重要内容，也被誉为"人工智能皇冠上的明珠"。

中文是世界上使用人数最多的语言，全球化和互联网的出现大大提高了中文用户的参与度，这使得中文成为在过去十年里全球商业和社会生活中增长最高的线上语言。尽管中文自然语言处理的需求和重要性越来越大，但中文的独特性使得其相应的计算机处理技术富有挑战性。中文自然语言处理既需要解决处理各种语言的共性问题，也特别需要解决自身特有的形态、句法和语义带来的特殊问题。长期以来，世界范围内，特别是来自中国的研究者围绕中文自然语言处理进行了大量的研究，但一直缺乏一本面向全球自然语言处理学者的专著对中文自然语言处理的方法和技术进行全面系统的分析和总结。由香港中文大学 Kam-Fai Wong、香港理工大学 Wenjie Li、香港城市大学 Ruifeng Xu、美国圣地亚哥州立大学 Zheng-Sheng Zhang 所共同完成的《Introduction to Chinese Natural Language Processing》填补了这一空白。该书是世界上第一本全面介绍中文自然语言处理技术的英文专著，也是迄今为止中文自然语言处理领域中最系统全面的英文著作之一。该书的出版有助于增进世界范围内研究人员对中文自然语言处理的兴趣和了解，推动相应研究和产业应用的全球化。该书重点涵盖了中文自然语言处理的特殊性问题，包括中文的字和构词法、中文分词和未登录词识别、中文的语义表示和知识库，以及中文搭配等内容。该书自出版以来获得了多个国际知名科研机构、多位著名学者的一致好评，认为该书既可以作为刚刚进入这一领域的学生、学者、开发者的导论，同时也是了解这一领域的前沿动态的可靠途径。

为了帮助国内读者更好地利用这一著作，由该书的原作者徐睿峰、黄锦辉，以及李斌阳共同将该书翻译为中文版，特别感谢杜嘉晨、范创、陈获、陈刚保、高清红、张庆林、巫继鹏、吕秀程、龚锾霖、高存、李萌、孙雨佳、徐嘉莹等同学在内容整理、材料编辑、翻译校对等方面的贡献。感谢哈尔滨工业大学（深圳）计算机科学与技术学院与国际关系学院信息科技学院为本书的出版提供的良好条件，感谢国家自然科学基金、国际关系学院中央高校基本科研业务费专项资金和深圳市技术攻关等项目的资助。

限于译者的水平，译文中难免有错误和不足之处，敬请各位读者批评指正。

译者

2018 年 10 月

目　　录

第1章 介 绍

"世界是平的"（Friedman，2005）。全球化的浪潮早已将国与国之间的边界淹没，而互联网的发展，正是推动这一进程的催化剂。当今的万维网（World Wide Web，WWW）不再被英文用户独占。在 2008 年，全球有 29.4%（约 4.3 亿）的互联网用户使用英语交流，紧排其后的是 18.9%（约 2.8 亿）的中文用户（Internet World Stats，2007）。自 2000 年以来，后者已增长了 755%，并且这一趋势没有减缓的迹象。

为了实现客户关系管理（Customer Relationship Management，CRM），全世界的商人正在积极地研究互联网，希望向来自多元民族和多元文化的客户提供更好的服务。政府也不甘落后，希望通过互联网为市民提供更好的服务。基于互联网的 CRM（通常被称为 Electronic CRM，e-CRM）广泛地采用自然语言处理技术（Natural Language Processing，NLP），分析来自不同语言的网页内容。随着中国市场的日益增长，越来越多的电子商务门户网站包含中文信息。因此，中文自然语言处理研究发展的需求也日益增长。

1.1 中文自然语言处理是什么

一门语言就是一个动态集合，其中包括符号及其对应视觉、听觉、触觉或文字交流的规则。人类的语言通常被称为自然语言，其科学研究属于语言学范畴，但其计算方式的实现则属于计算语言学领域。计算语言学侧重于人类语言的理论方面，而自然语言处理可以被视为一种语言理论的实现，以促进实际应用，例如，e-CRM 内容在线分析、机器翻译、信息抽取、文档摘要等。自然语言处理有三个基本任务：形态分析、句法分析和语义分析。

在中文自然语言处理中，中文句子的词之间缺乏明确的分隔符，这与英语等西方语言有明显的区别。因此，句子自动分词是中文形态分析的重要步骤，也是任何中文信息系统的基础，以下面的句子为例：

> 香港人口多
> 白天鹅已飞走了

对于人来说，这些句子很容易分词，即通过认知其中的词来了解整句的含义，例如：

> 香港　人口　多
> 白天　鹅　已　飞走了

然而，对于计算机来说，自动分词并不这么简单。一些分词算法，如基于词典的从右至左最大匹配算法，就有可能对上述例子产生不一样的分词结果，例如：

> 香港　人　口多
> 白　天鹅　已　飞走　了

可以看到，"人口多"可以有两种分词结果，分别是"人口　多"和"人口多"。而"白天鹅"也可以被切分为"白天　鹅"及"白　天鹅"。解决分词歧义，可以利用基于规则的算法，结合语法或常识进行分词。上述例子分词的歧义性可以通过使用如下简单的规则集解决：

（1）"人口"在日常使用中更加普遍，而"口多"是香港地区的一个俚语，因此前者的分词优先级更高。

（2）"天鹅"会飞，但"鹅"通常不会飞，因此前者的分词优先级更高。

由此可见，若想让计算机准确分词，上述两个句子都需要额外的语言学知识。虽然这些知识资源中有些是可用的，但对于计算机来说都是不可读的，这就导致了中文自然语言处理的一大难点。

以下句子的分词，结合了词性（Part-of-Speech，POS）标注的结果。这需要一份词性词典，其中每一个词有一个或多个词性，例如，中文的"计划"既可作动词，也可作名词。词性的确定取决于词在原句中的位置，例如：

> 他　计划　去香港

去　香港　是　他　的　计划

第一个"计划"是动词，而第二个"计划"则是名词。实际上，几乎所有的中文双音节词都有多个词性标注，例如，建议（动词/名词）、鼓励（动词/名词）等。

在分词和词性标注结果的基础上，利用句法分析可以构建句子的结构，不同于原句中词的线性结构，这种句子结构是有层次性的。以"同学会认为她是班长"为例，分词和词性标注的结果如下：

同学会（n）认为（v）她（r）是（v）班长（n）

分别对应名词、动词、代词、动词和名词。然而，这种线性结构对于自然语言处理是无用的。因此，这种结构被转换为一棵句法树，其中包含一组预定义的规则集及其对应的句法分析算法，上述例子的句法树如图 1-1 所示。与计算机程序的编译类似，该句法树为计算机的进一步处理提供了核心的结构信息。例如，一个机器翻译（Machine Translation，MT）系统会尝试理解句法树，并在句子语义的基础上，将其翻译成目标语言的句子。同样地，信息检索系统会从句法树中抽取关键概念用于构建索引。

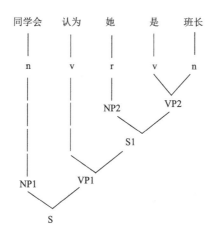

图 1-1　"同学会（n）认为（v）她（r）是（v）班长（n）"的句法树

需要明确的是，这种结构是在线性词性标注序列的基础上得到的。实际上，词性标注序列比词序列更加抽象，其语言覆盖范围相对更广泛。例如，"黄先生（n）知道（v）你（r）是（v）律师（n）"和"政府（n）承认（v）他（r）是（v）专家（n）"有一致的句法树。"工会（n）推选（v）他（r）当（v）主席（n）"虽然和前两个例子有着同样的词性标注序列，但是其句法树结构却截然不同（图1-2）。这就在句法分析的层面上不可避免地产生了歧义。因此，需要在语法知识和常识等额外信息的基础上，从两棵句法树中选择合适的结构进行消歧。

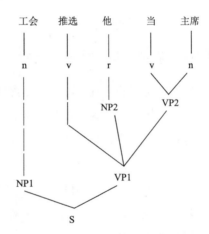

图1-2 "工会（n）推选（v）他（r）当（v）主席（n）"的句法树

歧义产生的原因，除了一种线性词性标注序列可能对应多种句法树，还可能由一棵句法树有多重含义导致。由此引出语义分析，其基本目标是找出句子的含义，而句子的含义是不能从给定的句法树中直接推导得到的。例如，"音乐家（n）打（v）鼓（n）" "妈妈（n）打（v）麻将（n）"和"运动员（n）打（v）网球（n）"，这三个句子有着相同的句法树（图1-3）。

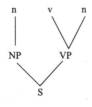

图1-3 三个句子的句法树

那一个自然语言处理系统该如何提取这三个句子的含义呢？通过简单分

析给定的句法树进行语义提取几乎是不可能的。实际上，句子背后隐含的语义线索可以用于解决歧义问题。这三个句子中的动词都是"打"，差异体现在它们的主语不同，分别对应"音乐家""妈妈"和"运动员"。然而，如果有一个语义词典，包含以下条目：

① 打 1（音乐家，乐器），即音乐家演奏乐器，鼓是一种乐器。

② 打 2（妈妈，家庭游戏），即妈妈玩家庭游戏，麻将是一种家庭游戏。

③ 打 3（运动员，运动），即运动员做运动，网球是一种运动。

自然语言处理系统就可以在此基础上更好地理解这些句子的语义。可见，语义知识资源是语义提取的先决条件，但是，与英语等西方语言相比，中文自然语言处理的这种资源相对较少。很多研究人员为构建不同的中文语言资源付出了很大的努力。

本节介绍了中文自然语言处理与其他语言自然语言处理的差异，这奠定了本书的主旨——介绍中文形态分析的基本技术。

1.2　关　于　本　书

中文形态分析是中文自然语言处理的基石，也是本书的侧重点。本书分为3 个部分：基础概念（第 2 章和第 3 章）、词的自动识别（第 4 章和第 5 章）和中文词汇语义（第 6 章～第 8 章）。

第 2 章从语言学的角度，介绍了中文的字、语素、词等基本概念。第 3 章概述了在自然语言处理应用中需要考虑的中文词汇特性。这两章为后面章节的内容做了铺垫。第 4 章介绍了分词存在的问题及对应的技术解决方案，紧随其后的是第 5 章的未登录词（Out of vocabulary，OOV）识别。第 6 章中，引入词义的概念，并介绍了几个包含词义信息及词汇联系的中文自然语言处理的语义资源。第 7 章和第 8 章分别论述了中文搭配的概念和搭配自动抽取的相关技术。

第2章 中文的词

2.1 引 言

鉴于本章内容是关于中文的语素构成，因此首先要解决以下一些基本问题。

- 中文里的词是怎样表示的？
- 中文里的词是怎样构成的？
- 中文里的词是怎样被识别的？

尽管中文构词法与其他语言并非全然不同，但其独特之处在于中文构词法多以形态合成法为主，并辅以相对较少的词缀。同时，中文还采用了其他语言中并不常见的叠词形式来构词。

由于中文采用了相对独特的书写体系，因此词的识别对中文自然语言处理来说是一项特殊的挑战。在英语和其他许多语言中，每个词都由一串字母对应，词之间由空格隔开。而中文却不能用同样的方法来识别词，因为在书写中文时，每个词单元之间没有空格作为间隔，所以必须通过分词使连续书写的汉字分割为词块。

中文独特的书写体系和书写习惯使得对书写单元（即汉字）和口语单元（即词和语素）的区分非常必要，而这两者都是形态处理的基本单元。

2.2 字、语素与词

2.2.1 字

中文最突出的特点是它由汉字组成，汉字并不像其他语言的字符由字母符号组成，而这就对中文自然语言处理产生了很大的影响。汉字在视觉上与字母书写体系存在很大的不同，每个字不像字母一样以线性方式组合，而是排列在一个方块形状内，每个字占用相同的空间，如国家的"国"字，因此人们称其为方块字。

尽管汉字的起源是象形文字，并且人们普遍认为汉字是一种象形文字，其实很大程度上并非如此，汉字中只有少部分是象形字。常见的例子有"日""月""水""火""人"等。同样，直接表示意义的表意字在汉字中也较少。表意字包括指示字，如"上""下""一""二""三"，以及会意字，如"仁""信"。事实上90%以上的汉字都是形声字，即每个字都由表示读音的一个声旁和一个形旁组成。形旁只表示该字的大概含义，用以区分它的同音异形异义字，而不是准确地指出字的含义。如"请""情""清""晴"这四个形声字，它们有"青"这个相同的声旁，但各自还有"讠""忄""氵""日"这样的形旁。尽管许多汉字的读音可通过声旁推测，但其意义并不能由字形或字的结构判断。

从功能上来说，汉字与字母书写体系不同的是，每个字并不表示独立的音位。正如美国语言学家、汉学家德范克在1984年指出的，中文是形态音节型的文字，即每个字都是一个单音节，同时也是最小语义承载单位——语素。

虽然文本处理不可避免地涉及对汉字进行处理，但我们应该清楚地认识到汉字并不等同于语言单元，汉字这类书写中所用的符号，本身并非语言单元。本章主要关注中文文本的形态处理，包括与之相关的语言单元的素和词。而将口语单元与书写单元中的字进行区分是十分重要的。尽管字在社会学、心理学上有非凡的意义，在视觉上也更易识别，但它不能等同于根据语义和句法来识别的语素和词。大多数汉字都是单音节的，而语素和词的长度是可变的，如用一个音节表示的"山"，用四个音节表示的"密西西比"，等等。

2.2.2 语素

语素是最基本的形态单元和最小的语义单位。语素可以用来构成词，但不能再被分解为更小的且具有意义的单位。例如，在英文句子"the company owns many properties"中，"the""company""many"这三个词各具有一个语素，不能继续进行分解，而"owns"和"properties"都可以分解为两个语素："owns"由"own"和表示第三人称单数的词尾"-s"组成，"properties"由"property"

和表示复数的词尾 "-s" 组成。由此可以看出，一个语素可以由一个以上的音节（如 "many" "property"）或单个音素（如 "-s"）组成（音素 phone 即组成音节的单位，"不到一个音节" 的说法不常见）。

与英语相反，中文中的语素往往是单音节的，每个语素/音节写为一个汉字。然而在一个音节、一个语素对应一个汉字的一般情况之外还有一些特例，有一些语素由两个音节组成，如 "葡萄" "菩萨" "马虎" "马达" "咖啡" "萨其马" "巧克力" 等。尽管表示这些音节的汉字在别的语境中具有独立的含义，但在这些词中，它们只是组成读音，即这些汉字与词的意义没有联系，因此这些词中分别只有一个语素。这种例外源于它们是借自其他语言的外来词，原始的中文词大部分遵循 "音节–语素–汉字" 的对应关系。

2.2.3　词

词与更小的单位语素和更大的单位短语有着明显的区别。词在形态学单元的独立性，以词的分布约束性和词义完整性为依据。

分布约束性：一个词可以单独地出现（如单个词构成的句子），而语素不能。当语素能够单独出现时，它是一个有着单个自由语素的词；而如果不能，则它是一个粘着语素，必须与其他语素结合才能组成词。在上一节的例子中，英语的复数词尾 "-s" 和第三人称单数词尾 "-s" 都不是自由语素，它们必须粘着于一个名词或动词。粘着语素的例子在中文中也很常见，所有的语法语素 "的" "地" "得" "了" "着" "过" 都是粘着的，不能单独出现。一些实义语素也是粘着的，如 "行" "饮"，尽管在古汉语中它们可以作为自由语素，但在现代汉语中它们不能独立出现，必须组成 "行人" "行动" "冷饮" 或 "饮料" 等词。

词义完整性：与自由度相对较大的句法一样，词也很难从组成它的语素中推测出它的含义。例如，"黑板" 中含有语素 "黑"，但实际上不一定是黑色的。同样，"大人" 的含义并不等同于 "大的人"，因为还可以有 "小大人" 这样的用法。"小人" 也不等同于 "小的人"，前者含义为 "卑鄙小气的人"，而后者指的是与 "大的人" 相对的 "小的人"。词内部的语义关系与词之间的语义关系也不同，即在短语这个层级中，"打人"（打＋人）是一个动宾短语，但 "打手"（打＋手）并不是对手进行击打的意思，而是一个名词。

常使用双音节词。有一种谬见认为中文是一种单音节的语言，即中文中的词都是一个音节长度。德范克在他的著作《中国语文：事实与幻想》中，对这种观点进行了有力的辩驳，而赵元任认为中文确实具有单音节性。这种单音节性究竟是真理还是谬误，取决于如何理解词或语素。绝大多数中文语素长度确实为一个音，多音节语素只占所有语素的11%。可以说大部分中文语素是具备单音节性的，但只有44%的单音节语素能够作为词独立存在，所以说中文是一种单音节性的语言是不准确的。

实际上，大部分中文词汇都有两个音节。根据吕叔湘的观点，有大量的统计结果和事实都证明了这一点：

● 存在包含同义语素的双音节复合词，如"保护""购买""销售"。多余的音节或语素似乎并没有改变词义。

● 许多缩略词（中文中存在大量缩略词）为双音节，如"北京大学"——"北大"。

● 单音节的地名会加上范畴的标记，如"法国""英国""通县""涿县"等。而双音节的名称则不会加上这种标记，如"日本""印度""大兴""顺义"。数字亦是如此，单音节的1到10往往会加上单位，如"一号""十号"，而双音节数字如"十一"则不会。

在书写地址时，姓名的使用也是一种有趣的方式。中国人的姓为一个音节或两个音节，名也是如此，所以一个人的姓名的长度为二至四音节。当要礼貌或亲密地称呼某人时，人们多趋向于用两个音节，甚至有时候超出了对于礼貌和亲密性的考虑。如果姓只有一个音节，则加上表示敬称或爱称的前缀"老"或"小"，如"老李""小李"。但如果是双音节的姓氏如"欧阳""端木"则不能加上这样的前缀。如果称呼名字，则有两种情况。如果名字为两个音节，则只称呼名字；如果名字为一个音节，且姓氏也为一个音节，则称呼全名。

2.3　词　的　构　成

在中文中，词可以分为单纯词和合成词两大类。单纯词是由一个词根语素组成，如"人""手""车""坦克""枇杷"等。合成词是由两个以上的语素构成，根据语素的特点，合成词又分为派生词和复合词。派生词的意义是在词根语素意义的基础上派生出来的，如"阿妈""读者""石头"等；复合词完全由几个词和语素按一定的规则构成，词义由两个语素的意义复合构成，如"美人""饭香""山川"等。英语中也存在合成词，如"sabertooth"是由"saber"和"tooth"两个词合成的。这种构词法在中文中更为常见，单音节的英语词汇在中文中由双音节的合成词对应最能说明这一点。

英语	中文	构成
man	男人	male＋person
woman	女人	female＋person
merchant	商人	commerce＋person
pork	猪肉	pig＋meat
beef	牛肉	cow＋meat
mutton	羊肉	sheep＋meat
car	汽车	air＋vehicle
train	火车	fire＋vehicle
tram	电车	electricity＋vehicle

由此可以看出，中文使用已有的语素，如"人""肉""车"来合成各种关于人、肉和车的词，而并不创造新的词。以关于车的词为例，表示各种类型的车的新词在通用的语素"车"之前加上了修饰词"汽""火""电"等。

2.3.1 双音节复合词

复合词可由两个以上的语素构成，但双音节的复合词最为重要。这不仅是因为它们数量最多，也是由于它们能够组合成更长的复合词。因此，本书会着重讨论双音节的复合词。

双音节复合词可以根据语素之间的结构关系进行分类。

（1）复合名词：53%的双音节复合词都是复合名词，这类词在名词之前有描述性的修饰词，但整个词的意义与这个修饰部分不同，与英语中"blackboard"的例子很相似。

词	语素的含义	构成的词义
小人	small＋person	卑鄙小气的人

续表

词	语素的含义	构成的词义
大人	big＋person	成年人
热心	hot＋heart	热情的
水手	water＋hand	船员，海员
打手	hit＋hand	实施暴力的人
黑板	black＋board	可以用粉笔书写的平面
去年	go＋year	上一年
爱人	love＋person	配偶

（2）复合动词：这类词在动词前有修饰部分，对动作进行更精确的限定，类似于英语中"deep-fry"的例子。

词	语素的含义	构成的词义
寄生	deposit＋live	以宿主为营养来源的生活
飞驰	fly＋gallop	快速前进
杂居	mix＋live	不同民族居住在一起
火葬	fire＋bury	焚化
面授	face＋impart	面对面教授
单恋	single＋love	单相思

（3）并列复合词：复合词中的两个语素在功能上等同，这样的词占所有双语素复合词的 27%。并列复合词有两种形式，同义复合和反义复合。

①同义复合词：两个语素有相同或相近的含义。

词	语素的含义	构成的词义
报告	report＋report	告诉，向上级汇报
声音	sound＋sound	声响
奇怪	strange＋strange	与其他事物不同
刚才	just now＋just now	不久之前
购买	buy＋buy	拿东西换钱
销售	sell＋sell	出售

续表

词	语素的含义	构成的词义
学习	study＋practice	获得知识
帮助	help＋assist	相助，援助

②反义复合词：构成反义复合词的语素有着相反的含义，除了语素意义不同以外，两者的词性也会不同。这与同义复合词形成鲜明的对比。

词	语素的含义	构成的词义
买卖	buy＋sell	交易
左右	left＋right	大约地
高矮	tall＋short	高度
大小	big＋small	尺寸
开关	open＋shut	按钮
长短	long＋short	长度
轻重	light＋heavy	重量
厚薄	thick＋thin	厚度

（4）动宾复合词：在动词性语素后加上宾语语素的这类复合词在双音节复合词中占 13%，它们既可以作为动词也可以作为名词，如下表所示。

①动词性的双音节动宾复合词。

词	语素的含义	构成的词义
放心	put down＋heart	没有顾虑，心绪安定
鼓掌	drum＋palm	拍手
动员	move＋personnel	鼓动

②名词性的双音节动宾复合词。

词	语素的含义	构成的词义
司机	manage＋machine	驾驶员
主席	primary＋chair	主要席位
干事	do＋thing	办事的人
司仪	manage＋ceremony	主持仪式的人

（5）动补复合词：这种复合词的动词性语素后跟有补语（动词结果补语），表示动作过程的方向或结果。

①含有方向补语的复合词。

词	语素的含义	构成的词义
进来	enter＋come	从外面到里面来
进去	enter＋go	从外面到里面去
介入	introduce＋enter	插入事件之中进行干预
超出	supersede＋out	超越

②动词结果短语复合词：这类词中的动词性语素后有表示动作结果的补语。需要这类动词结果补语是因为中文的动词性词只包含动作而不包含其结果，因此"看"只包含"看"这个动作而没有指出这个动作在何处终止，也没有指出人是否通过"看"有所感知。当需要表达不只是发生了"看"这个动作，还有所感知的过程时，需要加上动词结果补语"见"。

词	语素的含义	构成的词义
改良	change＋good	改进
打破	hit＋broken	打碎
推翻	push＋over	颠覆
看见	look＋perceive	看到
听见	listen＋perceive	听到
闻到	sniff＋perceive	闻见
煮熟	cook＋cooked	加热烹熟
提高	lift＋high	使……提升

这种用法与英语不同，英语会根据动词的结果使用不同的策略，即用另一个既含有动作又含有结果的动词，而不是加上一个补语。因此英语中常有同一个动作的成对表达，一个表达动作，而另一个既表达动作又表达结果。下面三个词便是很好的例子。

动作	动作＋结果
look	see

续表

动作	动作＋结果
listen	hear
study	learn

我们可以认为右列的词含有内在的、隐含的动词结果补语，而中文则采用更为显式的动补复合词结构进行表达。

（6）主谓复合词：语素间的语义关系类似于句子中的主语和谓语（动词或形容词），也类似于英语中的"earthquake"这样的词。

词	语素的含义	构成的词义
地震	ground＋shake	地球的震动
心疼	heart＋ache	对东西的浪费感到可惜
民主	people＋decide	民主的原则、行为方式
自决	self＋decide	依据自己意志处理事务
胆小	gallbladder＋small	害怕，畏缩
年轻	year＋light	年纪小
性急	personality＋urgent	没有耐心
月亮	moon＋bright	月球

（7）名词-量词补语复合词：这类复合词中语素的关系并不是一种常见的语法关系，在这类词中，名词后跟有一个量词补语，表示名词所属事物的总体。

词	语素的含义	构成的词义
人口	person＋mouth (measure)	人口数量
羊群	sheep＋group (measure)	羊的数量
书本	book＋copy (measure)	书
花朵	flower＋measure	花
枪支	gun＋stick (measure)	枪
车辆	vehicle＋measure	车

2.3.2　三音节复合词

在三音节复合词中，除类似于"亚非拉"这种三个语素为等价关系的词外，语素间可能还会表现出层次结构。在三个语素之中，前两个或者后两个语素会有更紧密一些的联系。当前两者联系紧一些（即[AB]C形式）时，则结构是左分支的；若后两者联系紧一些时（即A[BC]形式），则为右分支。三音节复合词之中的双音节的语素有时能够单独存在，但并不总是如此，如"口香糖"，虽然"口香"这两个语素的联系比较紧密，但并不能作为独立的词使用。

同时需要注意的是，使用更多的音节带来了产生歧义的可能性。如"大学生"这个词，可以分解为"大/学生"或"大学/生"，因为"学生""大学"都是独立的词。三音节复合词中可能含有一个双音节复合词，而随着音节的增加，词内结构的种类也随之增多，此处我们只给出了一些在三个及三个以上音节的词中才存在的例子。

（1）修饰词-名词：这类复合词占所有三音节复合词的3/4。

词	语素的含义	内部结构	意群的含义	词的含义
情人节	emotion＋man＋festival	[情人]节	[lover] festival	Valentine's Day
小说家	small＋speak＋specialist	[小说]家	[novel] specialist	novelist
加油站	add＋oil＋station	[加油]站	[oil filling] station	gas station
大学生	big＋school＋student	[大学]生	[university] student	college student
金黄色	gold＋yellow＋color	[金黄]色	[gold yellow] color	golden color

（2）动宾复合词：三音节复合词中第二常见的类型。

词	语素的含义	内部结构	意群的含义	词的含义
开玩笑	open＋play＋laugh	开[玩笑]	do [joke]	to joke
吹牛皮	blow＋ox＋skin	吹[牛皮]	blow [ox skin]	to boast
吃豆腐	eat＋bean＋curd	吃[豆腐]	eat [tofu]	take advantage of girls

（3）主谓宾式复合词：这种词只在含有三个及以上语素的复合词中存在。

词语	语素的含义	内部结构	意群的含义	词的含义
胆结石	gallbladder＋form＋stone	胆[结石]	gallbladder [form＋stone]	gallbladder stone
鬼画符	ghost＋draw＋sign	鬼[画符]	ghost [draw＋sign]	gibberish

（4）描述性修饰＋名词式复合词：这些复合词在名词之前加上叠词或拟声的两个音节，是三音节复合词中独有的形式。

词语	语素的含义	内部结构	意群的含义	词的含义
棒棒糖	stick＋stick＋candy	[棒棒]糖	stick candy	lollipop
乒乓球	ping＋pong＋ball	[乒乓]球	ping pong ball	pingpong ball
呼啦圈	hoo＋la＋hoop	[呼啦]圈	hoola hoop	hoola hoop

2.3.3 四音节复合词

四音节复合词中有一类是由双音节词组成的，下表中的例子是同义的双音节词结合而成。

词	语素的含义	意群的含义	词的含义
骄傲自满	proud haughty self full	[骄傲][自满]	full of oneself
艰难困苦	hard difficult difficult hard	[艰难][困苦]	hard and difficult
铺张浪费	spread open willful waste	[铺张][浪费]	wasteful
粗心大意	thick heart big intent	[粗心][大意]	careless

由于这些词由双音节构成，它们可以表现双音节复合词之间的各种结构关系。此处不一一列举，我们主要着眼于一些在四音节复合词中才能形成的特殊结构。

中文存在大量四音节的固定表达，这些表达的构成方式非常多样，可以是双音节复合词的简单连接，也可以是交叉组合。一对同义词或反义词可以与数字、方向词和重复的字交叉组合，下表中列出了一些常见的类型。

①交叉组合的同义词。

词	语素的含义	词的含义
花言巧语	flower word fine speech	sweet talk
油腔滑调	oil accent slippery tone	glib/smooth talking

②交叉组合的反义词。

词	语素的含义	词的含义
大同小异	big same small different	basically the same
口是心非	mouth yes heart no	duplicitous
阳奉阴违	open obey hidden disobey	duplicitous

③交叉组合的反义词和同义词。

词	语素的含义	词的含义
大惊小怪	big surprise small surprise	big deal out of nothing
生离死别	live apart die farewell	life and death trauma
同甘共苦	same sweet share bitter	through thick and thin

④方向语素与同义词的交叉组合。

词	语素的含义	词的含义
南腔北调	south accent north tone	speak with mixed accent
东奔西跑	east run west run	running around
东张西望	east look west look	looking around

⑤方向语素与反义词的交叉组合。

词	语素的含义	词的含义
南来北往	south come north go	to and fro

⑥数字与同义词的交叉组合。

词	语素的含义	词的含义
一干二净	1 dry 2 clean	completely gone
四平八稳	4 level 8 stable	even and steady
五颜六色	5 color 6 color	colorful
乱七八糟	chaos 7 8 mess	total mess

⑦数字与反义词的交叉组合。

词	语素的含义	词的含义
七上八下	7 up 8 down	very nervous

词	语素的含义	词的含义
一曝十寒	1 sunned 10 cold	no perseverance
三长两短	3 long 2 short	unforeseen death/illness
九死一生	9 die 1 live	difficult survival

⑧同义词与同一字的交叉组合。

词	语素的含义	词的含义
全心全意	whole heart whole intent	whole-heartedly
称王称霸	claim king claim ruler	be pretender to the throne
大拆大卸	big take apart big dismantle	tear apart in a big way

⑨反义词与同一字的交叉组合。

词	语素的含义	词的含义
自生自灭	self live self perish	fending for oneself
不破不立	not break not establish	destroy old to build new
何去何从	where go where come	make your decision!

⑩数字与同一字的交叉组合。

词	语素的含义	词的含义
不三不四	not 3 not 4	of questionable character

一些成对的两个音节可组合为独立的词出现，如"一干二净、全心全意、南腔北调"中下划线所示，而相邻的两个音节不能构成词。

2.3.4　中文中的其他构词法

复合法并非中文唯一的构词方法，还有其他两种，分别为缀合法与叠词法。

缀合法：词根加上词缀来构成词，根据在词根前还是词根后添加词缀而分为前缀法和后缀法。

● 前缀：

第 dì：第一、第二、第三

老 lao：老虎、老鹰、老婆、老公

● 后缀：

名词结尾：

子-zi：儿子、桌子、房子、扇子

头-tou：里头、外头、前头、后头

儿-er：花儿、画儿

们-men：我们、你们、他们

学-xué：物理学、化学、文学

性-xìng：稳定性、可靠性

动词结尾：动态助词

了-le：我吃了一碗饭。

着-zhe：我吃着饭呢。

过-guo：我吃过中国饭。

叠词法：单音节或双音节词根的语素都可使用叠词法，如果是双音节复合词，则有 ABAB 和 AABB 两种形式，使用哪一种取决于所重复的字的句法形式。下列三类中的例子便是对叠词的句法功能的最佳阐释。英语等欧洲语言中没有叠词这种语言现象。

● 动词：

看→看看

商量→商量商量

高兴→高兴高兴

● 形容词：

红→红红

漂亮→漂漂亮亮

高兴→高高兴兴

● 名词：

人→人人

个→个个

此外，我们也应该指出，叠词会使原来的词的句法功能改变。在第三个例子中，量词"个"可作为名词单独使用，而成为叠词后则作为句中的主语。

2.3.5　离合

在中文中，存在一种语素句法现象——离合，它同样为自然语言处理带来了挑战，在这种构词过程中，合成词的语素分开插入新的内容，或是语素的顺序产生变化。如"理发"便是一个基于句法和独立的含义而构成的词，但也可以说"理短发""理一个发"或"发理了吗"。

2.4　词的识别及分词

以字为书写单元的特点与在字、词之间不留下空格的书写方式为中文词的识别造成了困难，这使分词成为中文语言处理的必要环节。从句子角度来看，分词是将字符串切分为词块的过程，但从字的角度来看，分词实际上是将字组合为词块的过程。

2.5　小　　结

本章是为后文中词的处理做一些铺垫，介绍了词的形态变化和中文中的语素及它们与书写单元的区别，还有一些中文里主要的构词法。

第3章 中文的语素

3.1 引　言

本章列举了中文和中文文本中的各种特点，以及由这些特点所引起的语素处理中的一些特殊挑战。其中，一些特点与汉字本身有关，如字符数量庞大，汉字字体复杂，存在简体、繁体、异体字和方言变异，编码标准种类繁多，甚至还存在同形异义词——具有相同的字形却有不同的发音和意义。一些特点是纯文本性的，与拼写、印刷和标点符号的规则有关。也有一些特点是语言学范畴的，如语法标记的缺乏和广泛的歧义；未登录词，如姓名、直译、首字母缩略词和缩写；语言局部和格式上的变化，等等。

3.2　中文的特点

3.2.1　汉字数量庞大

中文与其他文字系统最显著的区别是汉字的数量比字母的数量大得多，人们甚至无法得到汉字的确切数量。康熙年间（1716 年）出版的《康熙字典》中包含了 47 035 个汉字，但其中很大一部分是很少使用的异体字。1994 年出版的《中华字海》中包含了 87 019 个汉字，然而真正在实际中运用的汉字数量却要少得多。具备基本的中文读写能力需要 3000～4000 个汉字，其中 1000 个汉字就可以覆盖 92%的书面材料，3000 个就覆盖超过 99%。由于汉字数量远超数字和字母，为了便于计算机处理，汉字编码至少为 16 比特。

3.2.2　简体字和繁体字

汉字不仅数量庞大，而且存在两种字符的使用，即**繁体字**和**简体字**。简体字在中国（除港澳台地区）、新加坡、马来西亚及联合国使用。而中国台湾地区、香港特别行政区和澳门特别行政区则使用繁体字。海外华人一般使用繁体字，但其中来自中国（除港澳台地区）的移民一般使用简体字。与繁体字相比，简体字笔画较少、结构较简单。

另外要注意的是，当两种字体转换时，一些不同的繁体字在转为简体字时被合并了。例如，"乾"和"幹"在繁体字中是不同的，分别表示"干燥"和"做"两种意思，但是在简体字中它们都用"干"表示。"遊"和"游"在繁体字中分别表示"游览"和"游泳"，但转为简体字都合并为"游"。因此，简体字和繁体字之间不存在一一对应关系，多个繁体字可能会转化为同一个简体字，一个简体字可能被转换为多个不同的繁体字，如前文的"干"字。

3.2.3 汉字的变形

除了简体字和繁体字之外，汉字处理还有更复杂的情况，有些汉字有相同的意义和发音，但却是不同的字形，即异体字。《康熙字典》中大多数的字都是异体字，一般不会使用。同一个字的异体字通常会有一些相同的组成部分，如"裏"和"裡"、"膀"和"髈"、"杯"和"盃"、"秘"和"祕"、"毙"和"斃"。有趣的是，在中国大陆，"夠"是"够"的异体字，但在台湾地区它们却是反过来的。虽然异体字的使用并没有获得正式的认可，但近年它作为一种个性的象征，在年轻的互联网用户的非正式使用中掀起了一股热潮。

3.2.4 方言字和标准字符方言化

虽然汉语有各种不同的方言，但实质上其书面语拥有同样的核心词汇和语法。同时，需要明确的是，方言字的存在可能会给文本的处理带来问题。一些主要的方言，如粤语、上海话和闽南话，创造了只有方言使用者能理解的一些字符。与此同时，这些方言也从标准字符集里大量借鉴了一些字符，对不使用此方言的人造成困扰。出现这些方言字和标准字符方言化的现象是由于所有方言共同的核心词汇中缺失这些特定的字。虽然方言字和方言化的标准字符并没有得到正式使用，但是它们常常在流行出版物里出现。下面是一些粤语的例子：

粤语	含义	字面意思	普通话
而家	now	but-home	现在
同埋	and	same-bury	和
边个	who	side-measure	哪位
边道	where	side-path	哪儿
听日	tomorrow	listen-day	明天
头先	just now	head-first	刚才
呢的	these	particle-particle	这些
古仔	story	ancient-son	故事
点解	why	point-resolve	为什么
俾	give	slave	给
郁	move	lush	动
企	stand	enterprise	站
仲	still	mid	还
紧	-ing	tight	着

可以看出，大部分标准字符的方言化使用是基于假借原则，也就是说，通过近似音借来字符，而字符的原始意义被忽略。下面从上海话和闽南话给出一些例子：

上海话	普通话	英语
侬	你	you
伊	她/他	she/he
接棍	利害	tough
交归	非常	very
伐	不	not
白相	玩	play
闽南话	普通话	英语
阮	我（们）	I/we
暗	晚	late
郎	人	person
呷	吃	eat

闽南话	普通话	英语
叨位	哪儿	where
的括	得意	complacent

除了借用标准字符，方言也创造了自己的字符，但其中只有很少一部分是基于含义而来的，如"没有"的粤语"冇"（来自标准的字符"有"），大部分字符的创造是基于语音的。例如，在粤语中，大多数创建的字符包含的"口"，明确表明字符的使用是基于其发音而和原始意义无关：哋、嗰、喺、啫、唥、咁、噉、嘢、吓、唔、嘅、咁、咗、嚟、喺、喇、嘟。

3.2.5　汉字编码标准

中文文档和网页根据创建地区的不同使用不同的编码标准。主要有三种不同的标准，即 GB，Big5 码和 Unicode。GB 编码方案最常用于简体字，Big5 码用于繁体字，Unicode 对这两种都可以进行编码。

GB/GBK，国标码，GB 的简称，是中文里"国家标准"（National Standard）的缩写。GB 编码方案是中国（除港澳台地区）、新加坡和马来西亚地区的标准用法。GB 字符集代表 7445 个字符，其中包括 6763 个简体字。GB 的初始版本，被称为 GB 2312—80，其中每一个字符码代表一个字符。如果一个 GB 2312—80 里的字符，每个字节 8 比特，把最高有效位（Most Significant Bit，MSB）设为 1 就成为一个中文字符。如果不这样设置，字节会作为美国信息交换标准码（American Standard Code for Information Interchange，ASCII）进行转化。每一个汉字都使用两个字节来进行编码，第一字节和第二字节的最高有效位都被设定。因此，它们很容易从 GB 字符和普通的 ASCII 字符的文档中区分出来。

GB 编码方案的问题是它无法覆盖所有正体汉字，因此，中国政府开展了 GBK 计划，名字是"Guobiao Kuozhan"（国家标准的扩展）的缩写，即 GB 2312 的延伸。GB"扩展"字符集包括 14 240 个繁体字，该方案用于 Simplified Microsoft Windows 95/98。此外，中国标准出版社于 2000 年 3 月 17 日发布了 GB 18030 编码方案，并于 2000 年 11 月 20 日进行更新，该方案取代了先前所有的 GB 版本。自 2006 年 8 月 1 日起，此字符集开始支持所有在中国销售的软件产品，并可以同时支持简体字和繁体字。

Big5 码也称大五码，包含 13 000 个字符，是一种对繁体字的编码标准，通常在中国台湾地区、香港特别行政区和澳门特别行政区使用。每一个汉字都是由双字节的编码表示，第一个字节范围从 0×A 到 0×F9，而第二个字节范围从 0×40 到 0×7E、0×A 到 0×FE。注意，双字节编码的最高有效位一般是预先设置好的。因此，在一个既包含繁体字字符也包含 ASCII 字符的文档中，ASCII 字符仍用单个字节表示，且 Big5 码可以与 ASCII 码一起使用。ASCII 字符编码的最高有效位总是 0，Big5 码的最高有效位总是 1，这使得其可以与 ASCII 码区别开来。Big5 码第二个字节有 8 位有效位，因此它是一种占用 15 位码空间的 8 位编码。

Unicode 是一种书写文本的行业标准，它可以使计算机表示和处理世界上大部分语言。它与通用字符集（Universal Character Set，UCS）标准同时开发，最后发布为 Unicode 标准。Unicode 编码系统包含超过 100000 个字符。Unicode 编码方案源于东亚，不同的国家最初在这一领域基于 ASCII 码有不同的字符编码方案。通常的方法是使用双字节表示一个字符。但这造成了很大的困难，即编码系统需要检测一个字节是表示一个字符还是一个字符的一部分。如果是后者，它必须进一步确定这个字节是字符的前一半还是后一半。最终为了解决此难题，人们发明了 Unicode 编码方案，它可以用双字节来表示任何字符。

Unicode 可以由不同的字符编码实现，最常用的编码是 Unicode 转换格式 UTF-8，所有 ASCII 字符它都用 1 个字节表示，且使用与标准 ASCII 码中相同的代码值，其他字符则用 4 个字节表示。此外，已经不再使用的 UCS-2 用 2 个字节表示所有字符，但没有包括 Unicode 标准中的每个字符。UTF-16 是使用 4 字节编码的扩展 UCS-2。Unicode 方案能够表示包含中文在内的任何语言的字符。Unicode 通过让每个字符对应一个代码来处理简体字和繁体字的问题，因为简体字和繁体字之间事实上不是一一对应的。虽然这意味着 Unicode 系统可以同时显示简体字和繁体字，但每种类型都需要不同的本地文件。Unicode 中的字符是 GB 和 Big5 码中字符的超集，因此很容易将 GB 或 Big5 码直接转换为 Unicode。

3.3 书 写 习 惯

3.3.1 行文格式

行文方向可变：中文可以从左向右书写，如"中国是一个大国"，或从右向左书写，如"国大个一是国中"。同时可以像古书中一样水平或垂直书写。

汉字之间没有空格：其他文字可以按空格来识别单词边界，中文则是在字与字之间没有任何空格的情况下书写和打印的，这对计算机处理文本有很大影响，因此，中文文本处理中必要的第一步是文本的分割，即将连续的字符串切割成字的片段。

无大写/小写区分：中文这个独特的属性对中文语言处理提出了新的问题，中文不存在一些语言中用来标记语法功能的大小写。例如，英语中的专有名词和德语中的所有名词都以大写字母开头。中文文本中一些包括个人名字和地名的专有名词会用下划线表示，但这种做法并不普遍。所以，专有名词的识别是中文文本的处理方面一个特殊的问题。而缩略词和缩写，通常用大写字母表示，在中文中也不易识别。

没有区分外来词：不同于使用 kata kana 符号来完全拼写外来词的日语，中文中的外来词无法从视觉上与本语词区分开来。

无连字符：在一些语言中，当一行文本需要分解时，连字符用于指示语素边界，中文文本却不使用连字符。这是因为除了外来词，字符大部分与语素享有共同的终点，从而没有添加连字符的需要。

外国名称的分隔符：点"·"用于分隔音译姓中的姓和名，包括外国人和汉族以外的少数民族的姓和名。如英文名字理查德·米尔豪斯·尼克松（Richard Milhous Nixon）和维吾尔族名字优素福·卡迪尔汗（Yusuf Qadr Khan）。虽然点的存在可以用于自然语言处理中的启发式算法，但是通常不用到全名，因此不使用点。

大量的分隔符逗号：与英语不同，中文不使用数字中标记 1000 的分隔符，即逗号，例如"300,000"可以直接写为"300000"。

日期和地址格式：在中文中，日期和地址格式遵循"大到小"的原则，即较大单位在较小单位之前。因此，2009 年 6 月 3 日写为二零零九年六月三日（2009，June 3rd）；和平里街 35 号、朝阳区、北京市、中国写为中国北京市朝阳区和平里街 35 号（China，Beijing，Chaoyang District，Heping Lane，#35）。

百分比：中文使用百分之 N 的表达，而不是 N%。因此，30%表示为百分之三十。也有一些非正式的变体，如在马来西亚语中遵循英语格式，如三十巴仙（30%），其中百分比部分也是根据英语音译而来。

货币：英语里"分"是除了"元"以外唯一的货币单位，而中文中还有"角"作为一个基本单位，所以"50 分"在中文中可以呈现为"五毛"或"五角"。

3.3.2　标点的运用

虽然现代中文文本经常会使用标点符号（除了一些分类广告和电报信息之外），但中文标点的运用与英语标点的运用截然不同。特别是中文使用逗号较多，而英语中逗号只用于终止短语和子句，且常用来标记与句子类似的句法单元。而很多时候中文句号只出现在段落的结尾。

中文中的书名常用书名号括起来，如《大学》。此外，中文所特有的暂停标记"、"用于分开并列相连的项目（如手、脚、腿等，即 hand，foot，leg…）。

3.4　语言学特征

3.4.1　形态标记较少

与英语等欧洲语言相比，中文中的词汇几乎没有正式的形态标记。动词没有语法类别的标记，如时态、人称和单复数，名词没有性、数、格的标记。

1）无动词变化

（1）无时态

中文没有时态，因此动词在所有不同的时间段具有相同的表现形式。在下面的例子中，英语中的粗体字在形式上是不同的，但它们都对应中文的"是"。

—我过去是学生。（I **was** a student.）

—我现在是学生。（I **am** a student.）

—我将来是学生。（**I will be** a student.）

（2）无人称和单复数的标记

在英语中，动词根据人称和主语的单复数而使用不同的词尾。例如，对于第三人称单数主语代词他、她和它，动词必须有一个-s 结尾。然而中文没有这样的规定。

—我去。（**I go**.）

—她去。（She **goes**.）

2）名词不添加词尾标记

（1）无数量标记

中文中名词没有单数和复数的区别，如下所示：

—我的书 my book(s)

（2）无性别标记

中文不具有男性和女性的性别区分，不像西班牙语中无论是人还是无生命物体的名词都具有语法性别，即男性 el 和女性 la。

阳性	阴性
el chico (boy)	la chica (girl)
el jardin (garden)	la universidad (university)
el libro (book)	la revista (magazine)
el miedo (fear)	la libertad (liberty)

（3）无主格宾格标记

中文名词没有格尾，不像英语那样有区分代词的主格和宾格。在下面的句子中，粗体字代表不同情况下的英语代词，而中文没有这样的区别：

I love **her**. vs. **She** loves **me**.（I＝主格；me＝宾格；she＝主格；her＝宾格）

我爱**她**，**她**爱**我**。（**我**＝同时主格和宾格；**她**＝同时主格和宾格）

由于中文缺乏形态标记，在中文的形态处理中必须更多地利用语义信息。

3.4.2 词性

词性是最基本的语法概念之一。在许多语言中，词性被明确地标记出来。

例如，名词有性、数、格的变化，动词随时态、单复数和人称而变化。很多语言中词的词性是相对直观的，中文也存在词性，但词性往往没有明确的标记。

少数的词性变化具备标记。虽然中文词的词性可以从词的语素组成中推断出来，如含有"子""性""度"的词，但大多数情况下，词性需要由语法和语境推断出来，中文的"帮助"是一个很好的例子。英语中"帮助"可以是"谢谢你的帮助"（thank you for your help）这样的名词，也可以是"请帮助我"（please help me）这样的动词。"help"这个单词可以翻译成包含语素"帮"的三个中文单词，即"帮""帮助"和"帮忙"，但这三个词是不能互相替换的，如下面这些例子。

（1）"Thank you for your help"只能表达为：

—谢谢你的帮助（*帮，*帮忙）。

（2）"Please help me"有两种表述：

—请你帮助/帮（*帮忙）我。

（3）"I would like to ask you to help"只能表达为：

—我想请你帮忙（*帮助，*帮）。

在第一句中，因为"帮助"只在"你的"（your）后使用，所以看起来"帮助"是一个名词，因此上下文中不能使用"帮"和"帮忙"。在第二句中，由于"帮助"在主语"你"（you）之后出现，所以它也可以用作动词，就像英语中的单词 help。"帮"也可以像这样作为动词使用，但"帮忙"虽然是一个动词，这种情况下不能使用。在第三句话中，即使在"你"之后需要添加一个动词，但是"帮"和"帮助"不能在这里使用，只能使用"帮忙"。仔细观察则会发现几个句子的上下文是不同的，因为"help"后没有加上对象。使用三个词的方式如下：

（1）"帮助"既是一个名词，又是一个具有对象的动词（一个及物动词）；

（2）"帮"只能作为动词，需要加上对象（一个及物动词）；

（3）"帮忙"只能作为不带对象的动词（一个不及物动词）。

从"帮助"（help）的例子中我们可以看到，中文的确有词性的区分，即使单词没有明确的词性标记，但它们可以出现在哪种特定的语境中有着严格的限制。

多种词性：在中文中，同一个词可以有多种词性。例如：

（1）动词和名词

—经济的<u>发展</u>很迅速。（Economy development is very rapid.）

—经济<u>发展</u>得很迅速。（The economy developed very rapidly.）

第一句中"的"后面需要使用名词。因此，"发展"（development）这里必须作名词用。另一方面，第二句话中的"得"（发音为与上面"的"相同）需要在前面加一个动词。因此，"发展"（to develop）在此处作动词用。

（2）动词和介词

—他<u>在</u>家。（He is at home.）

—他<u>在</u>家吃饭。（He eats food at home.）

第一句里"在"（zài，to stay）必须为动词，因为每个句子都应该有一个动词，而"他"（he）和"家"（home）都不是动词。但第二句话中的主要动词是"吃"（eat），所以"在"不能是主要动词。它被处理为介词或动介词。下面这个例子类似。

—我<u>给</u>了他很多钱。（I gave him a lot of money.）

—我<u>给</u>他买了一本书。（I bought a book for him.）

第一句中的"给"（gěi，to give）必须是动词，而第二句中的主要动词是"买"（to buy），所以第二句的"给"（gěi）不能是动词，在这种情况下，它意味着"for"（"给他"意味着 for him）。

3.4.3　同音异义和同形异义

同音异义是指发音相同的词具有多个含义的现象。例如，英语中的"saw"至少具备两种不同的含义，即木匠的工具或动词"see"的过去式。有趣的是，"see"也有两个含义，即眼睛的知觉和宗教权力的存在，如"the holy see"。这些例子中它们有相同的拼写却有不同的意思，但是，同音异义并不局限于这种情况。"meat"和"meet"拼写不相同也具有不同的含义，但它们发音相同，所以是真正的同音异义。

比起英语，中文的音节结构更简单。由于没有辅音之间的组合，仅有少量的辅音结尾，中文中音节的数量也比英语少。在普通话中只有大约 400 个音节或约 1100 个音调。这与英语非常不同，因为英语有八万多个音节。另一个区别则是中文语素多为单音节。这两个原因的共同作用意味着形成语素的音节较少。由于语言需要表达丰富的意义，所以许多语素必须使用相同的音节，因此产生大量的同音异义。以音节 shì 为例，它有接近 30 个不同的意思：市（city）、事（matter）、世（generation）、式（style）、室（room）、视（vision）、示（show）、士（official）、试（try）、誓（promise）、释（explain）、饰（decorate）、适（suit）、侍（wait on）、柿（persimmon）、是（be）、氏（last name）、势（power）、似（resemble）、逝（pass）、仕（official）、弑（kill）、嗜（like）、拭（wipe）等。

著名的语言学家赵元任（1968）曾经仅用这一个音节写了一篇古文，戏剧性地阐释了这种现象，文章的开头是"石室诗士施氏，嗜狮，誓食十狮"（shí shì shī shì shī shì，shì shī，shì shí shí shī），翻译为"施先生，一个居住在石头房子里的诗人，喜欢吃狮子，誓要吃 10 头狮子"。通过这个例子，那些使用过中文输入法的人会比较理解中文的同音异义。当你输入一个音节时，你将看到一个字符列表（列表的长度取决于该音节可用的同音异义字的数量），你需要从该列表中选择你所需的字符。

另外，中文也存在同形异义，即相同汉字具有多个发音和意义。例如，汉字"地"可以被读为 dì 或 de，分别表示"地面"和副词标记；"着"发音为 zhe，表示持续方面，但它在诸如"着急"（to worry）和"着火"（catch fire）等词中发音为 zháo。

在中文文本处理中，相较于同者异义，同形异义引起的不确定性会带来更多的问题。

3.4.4 歧义

自然语言处理中一个主要的挑战是歧义。源于词义或结构配置的差异，有词汇及结构等不同种类的歧义。在中文自然语言处理中，歧义通常是由文字书写的特性引起的。例如，"他很好吃"可能意味着"他喜欢吃"，或者代表着一种很奇怪但语义上合理的意思："他吃起来很好吃"，这取决于字符"好"被解释为形容词（好）还是动词（喜欢）。这就是一个词汇歧义的例子，因为"好"是一个同形异义词。解决这种词汇歧义的过程通常被称为词义消歧（Word Sense Disambiguation，WSD）。

结构歧义源于多种分析复杂语言单元的方式。将中文字符串分割成单词，会出现多种可能的分割方式。在最基本的层面，字符串可以表现出交集型歧义、组合型歧义或二者的结合形式。

交集型歧义（overlapping ambiguity）。在字符串 ABC 中，如果 AB 和 BC 都是可能的字，则 ABC 表现出重叠的不明确性。例如，"网球场"（tennis court）可以分段为"网球＋场"或"网＋球场"。"美国会"可以分为"美国＋会"（America will）或"美＋国会"（US congress）。

组合型歧义（combinatorial ambiguity）。有字符串 AB，如果 A、B 和 AB 都是可能的字词，则 AB 表现出组合模糊性。例如，"才能"可以被分割为名词"才能/n"，意为天赋，或者"才/d 能/v"作为副词"才"（only then）和情态动词"能"（able to）的组合。其他例子包括"学会"，它可以分为"学会/n"（society）或"学/v 会/v"（learn how to），"学生会"作为"学生会/n"（student society）或"学生/n 会/v"（students will），"马上"作为"马/n 上/p"（back of a horse）或"马上/adv"（immediately），"个人"为"个/m 人/n"（one person）或"个人/n"（individual）等。

混合型歧义（mixed type）。在字符串 ABC 中，如果 AB 和 BC，以及 A 或 B 或 C 是可能的词，则 ABC 表现出混合类型，包括重叠和组合型歧义。例如，对于字符串"太平淡"（too dull），"太平"（peaceful）、"平淡"（dull）、"太"（over）、"平"（flat）、"淡"（plain）是所有可能的词；而对于字符串"人才能"，"人才"（talent）、"才能"（enabled）、"人"（person）、"才"（thus）和"能"（able）是所有可能的词。

歧义可以根据上下文线索来处理。

伪（局部）歧义。尽管有多种分割可能性，但实际上这些字符串只有一种合理的分割方法。例如，在下面两对句子中，如何分割带下划线的字符串是显而易见的：

（1）（a）他将来北京工作。将/来/＝will come：He will come to Beijing to work.

（b）将来北京一定会更繁荣。将来/adv.＝future Beijing will become more prosperous in the future.

（2）（a）从马上摔下来。马/上/＝up the horse：Fall down from the horse.

（b）我<u>马上</u>就来。马上/＝immediately：I will come immediately.

真（全局）歧义。在以下两个句子中的歧义是客观存在的，带下划线的词在实际使用中可以用多种方式分割。解决这种歧义只能依赖于更大范围的上下文线索，如文章的话题内容。

——这种技术<u>应用于</u>国防领域。应/用于或应用/于（"This kind of technology should be used in the field of defense." or "This kind of technology is used in the field of defense."）

——该<u>研究所</u>得到的奖金很多。研究/所或研究所（"This research got a lot of fund." or "This research institute got a lot of fund."）

随着处理单元扩大，更长的话语内容包含了更多的语境信息，所以歧义消除的可能性大大增加。例如，一个汉字代表的意义可以有许多不同的意思，但是在特定的上下文语义中，只有一种意义是合理的。有时甚至结合上下文语义仍然存在歧义，但段落则包含足够的信息来消除歧义。

3.4.5　未登录词

中文自然语言处理中的另一个主要挑战是处理现有词典中没出现的新词。它们包括首字母缩略词和缩写、人名、地名、机构名和音译的外来词。

首字母缩略词和缩写。中文大量地使用缩写，并且一直在创造缩略词。一些成熟的，如北约（NATO），会被收入词典，但大多数不会被收入。中文缩略的方式也相当特殊。例如，在中国（除港澳台地区），北京大学（Peking University）会缩略为北大（Beida），但清华大学（Tsinghua University）被简称为清华（Tsinghua），而不是清大。另一个例子，中央银行（Central Bank）简缩为央行而不是中行。缩写中也仍然存在歧义，中大可以指中山大学（Sun Yat-sen University），也可以指香港中文大学（The Chinese University of Hong Kong）。

个人名字也是一种未登录词。由于姓名不能在词典中详尽地收录，所以有必要了解姓名的构成规律，以便设计算法来有效地解析它们。

中国人的姓有一个或两个音节，单音节姓占大多数，也有如欧阳、上官、端木这样的复姓。虽然有几百个姓氏，但是前五位的王、陈、李、张、刘构成了所有姓氏的三分之一，前 100 左右的姓氏覆盖了约 90%的人。

中国人的名字也可能由一个或两个音节组成，其中用双音节的名字占多数。虽然名字中使用的字比姓氏中的字多得多，但是也存在一些高频使用的字，如英、华、玉、秀、明、珍，它们覆盖名字库中 3345 个名字的 10.35%，最常见的 410 个字则覆盖了高达 90% 的名字。人的性别通常可由名字中使用的字推断出来，女性名字中使用的典型字符包括花、秀、娟、媛等。

因此，中文全名是两到四个音节，而大多数是三个音节。在中国台湾、中国香港和海外华人社区的已婚妇女采取用丈夫姓氏的西方传统。但不同于西方的是，她们保留了本身的娘家姓，放在丈夫的姓后面。因此，她们的全名遵循的模式是：丈夫的姓＋娘家姓＋给定名字，所以最常见的全名是四音节。

音译是使用原始语音模拟外来词近似的发音。在中文中，汉字被借用来表示发音相似的外来词。使用这些字只是因为它们的发音，而不考虑它们原本的意思。实际上，音译外来词中常见的字在含义上往往是模糊的。如斯、司、尔、尼、克、伊、拉、朗、顿，它们可以译为地名和人名，如伊拉克（Iraq）、伊朗（Iran）、克拉克（Clark）和克林顿（Clinton）。另外，有时音译术语的创造也会考虑语义学及语音学的因素。例如，blogger 被译为博客（bókè），它不是真的非常接近原始的发音，而是考虑了选择的意义（博客，many guests）。

尽管在外文翻译为中文时更倾向于使用意译法，如"蜜月"（honeymoon），但音译是必要的，因为人名和地名通常没有字面上直接的意义。除了像"马达"（motor）和"引擎"（engine）这样的长期借用词之外，大多数音译外来词如地名和人名，都属于未登录词的范畴。

3.4.6　区域差异

尽管外在表现不同，但中文实际上是一个包括普通话、粤语、上海话、闽南话和客家话等语言的语族。由于发音的巨大差异，这些语言之间通常是难以相互理解的，但是，它们使用相同的书写符号，这使得讲方言者之间能够进行交流。

尽管书面语之间相较不同的口语确实更为相似，但是在方言之间词汇和语法方面的差异也确实存在。

3.4.7　文体变异

中文里常常能发现文体的混合使用。许多古文中的表达仍为现代写作使用，而这可能会对分词造成一些问题。如前文所述，许多以前的自由语素，如古汉语中的饮（drink）和食（eat），如今已经变成了现代汉语。由于在同一文本中可能存在文白夹杂的现象，因此分词可能难以使用统一的标准。

3.5　小　　结

本章概述了中文从口语上和书面上对自然语言处理提出的特殊挑战，这些挑战从广义的变体（方言、文体、字符和它们的编码）到特殊的行文规则，如印刷格式和标点符号；从大量的歧义和缺乏显式语法标记到未登录词，包括名称、缩写和音译等。所有这些特征都会对汉字的识别和切分造成很大的困难，具体问题将在第 4 章中进行讨论和解决。

第4章 中文分词

4.1 简　介

研究人员普遍认为分词是中文处理过程中必不可少的第一步。在英文文本中，词与词之间靠空格进行分隔，但是在中文文本中，句子是由中文字符（汉字）串组成的，词与词之间并没有自然分界符。英文"I am a student"用中文表示为"我是一个学生"，在英语句子中，词与词之间有一个空格，因此计算机可以通过空格的提示轻松地判断出"student"是一个词。然而，在中文句子中，并没有能清楚地表示词与词边界的分隔符，计算机需要将两个字"学"和"生"组合成一个词。因此，分词的任务就是确定词序列，并在由中文字符串组成的句子的适当位置标识出词边界。"我是一个学生"的分词结果是"我/是/一个/学生"。中文分词的正式定义如下（Wu and Tseng，1993）。

定义 1：给定一个句子 S 是由一个中文字符序列构成，用$(C_1, C_2, \cdots, C_M)$表示。而词是以句子 S 中第 i 个字开始的连续 n 个字组成的一个有序的 n 元组，用$(C_i, C_{i+1}, \cdots, C_{i+n-1})$表示。按照这种方式，可以将句子中所有汉字划分为变长的无重叠的词的序列$(C_1, C_2, \cdots, C_{i_1-1})$，$(C_{1_1}, C_{i_1+1}, \cdots, C_{i_2-1})$，$(C_{i_{N-1}}, C_{i_{N-1}+1}, \cdots, C_M)$，叫作一个划分，用 W 表示，将 W 中的所有组成元素分别命名为$(W_1, W_2, \cdots, W_N)$。

4.2　中文分词的两个主要挑战

虽然中文分词的目标已经十分明确，但是在分词过程中仍然存在两个主要问题，分别是歧义（见 3.4.4）和未登录词（见 3.4.5）。

在中文分词中，歧义是非常常见的问题。歧义的产生有几种来源。一是许多汉字会出现在不同词的不同位置，同时，没有明确的词边界标志也加剧了歧义的产生。例 4-1 表明汉字"产"可以在词内 4 个不同的位置出现。这种情况导致即使中文文字体系中的汉字个数是有限的,也不可能简单地罗列出所有不同分布的互斥的汉字子集合。因为汉字能在词内的不同位置出现,所以不能将其作为划分词边界的依据。

例 4-1 同一个汉字会出现在词内的不同位置

词内位置	例子
词首	产生
单字成词	产小麦
词中	生产线
词尾	生产

一些汉字在特定的上下文中是词的组成部分,而在另外一些情况下汉字本身就是一个词,这也是导致歧义产生的一个重要原因。例 4-2 表明"鱼"除了可以作为词"章鱼"的一部分,其本身也可以作为一个独立的词。

例 4-2 中文分词中的歧义

（A）分词方式 I				（B）分词方式 II				
日文	章鱼	怎么	说？	日	文章	鱼	怎么	说？

对于中文句子中的字符串"章鱼",人工或者自动的分词器需要决定把"鱼"本身看成一个独立的词,还是同前一个汉字结合组成另一个词。句子中出现的"日""文章""章鱼""鱼"都是中文中存在的词,如何来确定"日鱼"不是一个词呢?很明显,仅仅知道字典中存在的词是不行的,在这种特殊的情况下,人工分词的方式可以借助知识来消除歧义,例如,知道"日/文章/鱼"的分词方式没有意义。

除此之外,多音字的存在也是造成歧义的重要原因。发音不同的同一个汉字可能会存在于不同的词或短语中。多音字的发音取决于字所在的词。例如,当"的"是一个代词标志时,发音为"de",但是在词"目的"中出现时,发音为"dì"。

除了歧义,文献中经常提到的另一个问题是未登录词,也叫未知词。未登录词出现的原因是机器可读的字典中不能包含所有在自然语言处理过程中出现的词。尽管汉字的个数一般不会变化，但是例 4-3 表明，中文中存在几种产生新词的方式。首先，可以通过现有词的复合产生新词，或者通过提取现有词中的某一部分进行复合产生新词。其次，可以通过现有中文字符的随机组合产生新词。再次，外国名称的音译也会产生新词。最后，数值类型的组合也是产生新词的一个重要来源。以上只是产生新词的众多来源中的几种。

例 4-3 中文中新词的几种产生方式

新词的产生方式	例子
现有词复合	电脑桌、泥沙
中文字符组合	微软、非典
外国名称音译	奥巴马、加沙
数值类型组合	二百港币

因此，想要准确地进行中文分词的关键是找到能够消除歧义和恰当处理未登录词的方式。能够进行中文分词的方法有很多，包括基于词典的、基于统计的和基于学习的方法等。中文分词方法的分类见图 4-1。接下来，通过介绍几种算法来说明如何解决歧义和未登录词的问题。

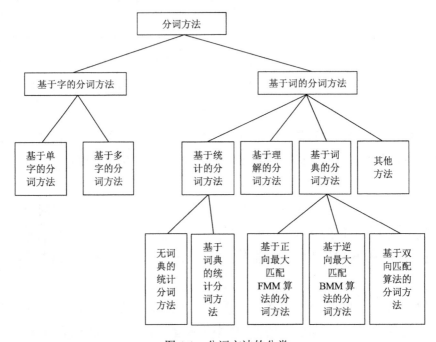

图 4-1　分词方法的分类

4.3 算 法 介 绍

关于中文分词的问题，研究人员已经进行了多年的研究。通常，可以将已有的几个算法划分为基于字和基于词的方式。本节将详细介绍每种方法的原理并比较其性能。

4.3.1 基于字的分词方法

基于字的分词方法主要用来处理文言文。Xue 和 Shen（2003）应用了最大熵模型（Maximum Entropy，ME），并在汉语处理特别兴趣小组（the Special Interest Group for Chinese language Processing，SIGHAN）发起的第一届国际中文分词评测（Sproat and Emerson，2003）中取得了很好的结果。根据提取出的字的个数不同，基于字的分词方法又可以进一步划分为基于单字和基于多字的分词方法。

基于单字的分词方法。基于单字的分词方法可以被定义为从文本中选取一定数量的字（以组成字符串）的纯机械化过程。该方法最早用于处理文言文。将中文文本切分成单个的字，是最简单的中文分词方法（Wu and Tian，1988）。该方法后来被北京文献服务处加以利用和改进，得到了早期的中文分词和自动索引系统（Chinese Word Segmentation and Automated Indexing System，CWSAIS）（Chen and Zang，1999）。

尽管一些研究团队在仅采用基于单字的分词方法的情况下取得了可喜的成绩，但是目前大多数中文文本处理系统通常不采用该方法作为主要的分词方法。同时，基于单字的分词方法虽然易于实现，但是在大多数情况下准确率较低。

基于多字的分词方法。统计发现，在现代标准汉语（Modern Standard Chinese，MSC）中，5%的词由一个字组成，75%的词由两个字组成，14%的词由三个字组成，6%的词由 4 个或更多字组成（Liu，1987）。由此可以发现，在现代标准汉语中，大多数的词是双字词，因此，许多研究人员开始把研究重点由单字转移到多字上来。

早期的基于多字的分词方法（Wu and Zhou，1984）将文本切分成包含两个、三个或四个字的字符串。与基于单字的分词方法相比，基于多字的分词方法拥有更好的分词结果。由于75%的中文常用词是由两个字组成的，常用二元切分法将线性字符串如 ABCDEF 切分成 AB、CD、EF，并且在该段文本中生成尽可能多的正确的词。二元切分法的一个变体——交叉二元切分法是将一段汉字序列，如 ABCDEFG 切分成 AB BC CD DE EF FG。两种方法被证明有相似的性能。另外一个研究小组（Deng and Long，1987）实现了二元切分法的另一个变体，在应用二元切分法建立索引之前通过使用停用词表部分地切分句子。这样一来，不仅有效地减少了词的数量，而且同基本的二元切分法相比，算法性能没有受到影响。

H.T. Ng（1998）将自然语言处理看作通过观察"上下文"$b \in B$，预测正确的"类"$a \in A$的分类问题。首先，创建一个分类器α：$B \rightarrow A$，其又可以用条件概率分布p来实现，$p(a|b)$是在给定"上下文"b的条件下，"类"a出现的概率。Ng 采用最大熵概率模型估计某个类在特定上下文中出现的概率。

Xue 和 Shen（2003）提出了一个新算法。该算法首先对每个字进行词位标注，而不是直接将句子切分成词序列。然后，根据词位标注结果，所有的字被转换成词序列。在不同的词中，字可能会出现在不同的位置。我们预先假定词最多由4个字组成，字会出现在词首、词中、词尾或者单字成词。在例4-4中，句子可以表示如下。

例 4-4

（1）上海计划到本世纪末实现人均国内生产总值五千美元。

（2）上海/计划/到/本/世纪/末/实现/人均/国内/生产/总值/五千美元/。

（3）上/B 海/E 计/B 划/E 到/S 本/S 世/B 纪/E 末/S 实/B 现/E 人/B 均/E 国/B 内/E 生/B 产/E 总/B 值/E 五/B 千/M 美/M 元/E。

这里 B 表示该字是多字词的首字，M 表示该字是多字词的中间字（适用于长度大于两个字的词），E 表示该字是多字词的末字，S 表示该字是单字成词。

该方法通过两个步骤分别来处理已知词和未登录词。首先，将正向最大匹配（Forward Maximum Matching，FMM）算法或逆向最大匹配（Backward Maximum Matching，BMM）算法（Teahan et al.，2000）的输出转换成例4-4中给出的那样，对每个字都进行词位标注（Cheng et al.，1999；Sang and

Veenstra，1999；Uchimoto et al.，2000）。词位标签显示了字可能在词中出现的位置。例如，"本"在"一本书"中被看作一个单字词，在"剧本"中位于词的末字，在"本来"中位于词的首字，在"基本上"中位于词的中间。然后，使用支持向量机（Support Vector Machine，SVM）（Vapnik，1995）利用特征来确定位于位置 i 的未登录词的标签。换句话说，特征集包含了字，FMM 算法和 BMM 算法的输出及之前词位标注的输出。基于特征和输出的词位标签，最终可以得到"迎/新春/联谊会/上"的分词结果。

$$P_{\wedge(y|x)} = \frac{1}{Z_x} \exp\left[\sum_{t=1}^{T} \sum_k \lambda_k f_k(y_{t-1}, y_t, x)\right] \tag{4-1}$$

其中，Z_x 是使所有状态序列的概率总和为 1 的归一化因子，$f_k(y_{t-1}, y_t, x)$ 是特征函数，λ_k 是与特征 f_k 相关联的学习权重。$y_{t-1} \rightarrow y_t$ 是特征函数度量状态转换的所有方面，x 是整个观测序列。λ_k 数值越大表示事件越有可能发生，数值越小意味着事件越不容易出现。使用维特比算法（Viterbi algorithm）可以有效地确定输入 x 的最可能的标签序列。

$$y^* = \arg\max_y P_{\wedge(y|x)} \tag{4-2}$$

使用最大似然估计来训练条件随机场（Conditional Random Field，CRF），即在给定训练集上对 $L_\wedge$ 进行最大化，

$$L_\wedge = \sum_i \log P_{\wedge(y_i|x_i)} = \sum_i \left[\sum_{t=1}^{T} \sum_k \lambda_k f_k(y_{t-1}, y_t, x) - \log Z_{x_i}\right] \tag{4-3}$$

实验证明，在该实现过程中，运用拟牛顿法（Quasi-Newton Method）作为参数优化的学习算法，可以加快收敛。为了避免过度拟合，用高斯先验（Gaussian prior）惩罚对数似然。

条件随机场是一种可以捕获输入的许多相关特征的判别模型。因此，很适合用于自然语言处理中的序列标记。因为对其进行区分训练，所以结果通常比生成模型更准确，即使在具有相同特征的情况下也是如此。在应用基于字的分词方法时，最明显的优点是简单和易于实现，这同时还可以降低索引和查询过程中所需的成本和最小开销。因此，基于多字的分词方法，特别是期望最大化（Expectation Maximization，EM）算法和条件随机场模型，已经成为许多基准

中的可行选择。

4.3.2　基于词的分词方法

基于词的分词方法，顾名思义，就是尝试从句子中提取完整的词。该方法又可以被进一步划分为基于词典的分词方法、基于统计的分词方法、基于理解的分词方法和基于机器学习的分词方法。

1）基于词典的分词方法

在已有的基于词的分词方法中，最常用也是应用最广泛的就是两种最大匹配方法，即正向最大匹配和逆向最大匹配。

FMM 算法是一个贪婪算法，它从前向后遍历一个句子，并从句子中搜索与词典中的单词条目匹配的最长的中文字符串。具体做法是，选择文本中的前 i 个汉字，搜索词典中与其长度相同的词进行比较，判断是否匹配。如果匹配成功，则认为顺利分出第一个词，并从第 $i+1$ 个字开始继续分词；如果匹配失败，则去掉所选文本的最后一个字，并重复该过程，直到找到所选文本中的每个词。

例 4-5

（a）关心食品销售情况。

（b）关心食品和服装销售情况。

以例 4-5（a）为例介绍 FMM 算法。假设"关""心"和"关心"都在词典中出现，对于给定的字符串，FMM 算法通常将"关心"看作一个词，而不是将"关"和"心"看成两个词。这是因为，分词器首先将字"关"设置为字符串的开始，并将整个句子看成一个词。然后将这个词与词典中的词进行比较并搜索词典中是否有能与之匹配的词。如果没有匹配的词，就去掉最后一个字，并重复上述过程直到只剩下一个字。如果有与之匹配的词，例如，"关心"，就停止搜索并插入一个词边界的标志，而非在"关"和"心"之间插入词边界标志。

BMM 算法是对 FMM 算法的优化。BMM 算法与 FMM 算法类似，只是选择文本的最后 i 个字符。相比较而言，BMM 算法更准确。分别采用 FMM 和 BMM 的算法对例 4-5（b）进行分词，得到如下结果："关心/食品/和服/装/

销售/情况"和"关心/食品/和/服装/销售/情况"。但是，BMM 算法需要一个反向词典。

此外，研究人员还将 FMM 算法和 BMM 算法进行组合，提出了双向最大匹配算法。该算法首先使用 FMM 算法，然后使用 BMM 算法以提高准确率。同时，通过比较两种分词方法的结果以解决不一致和歧义的问题。但是，这样一来，该算法与只使用一种算法相比词典的规模就变为两倍，分词所消耗的时间至少也变为两倍。

2）基于统计的分词方法

（1）无词典的统计分词方法

具有代表性的无词典的统计分词方法之一是 Sproat 和 Shih（1990）提出的，根据两个邻接字的交互信息判断其是否能组成一个二字词。对于给定的字符串 c_1, c_2, …, c_n，把交互信息值大于预定阈值的邻接字对看作一个词。不断重复该过程直到不存在交互信息值大于阈值的邻接字对。用 $I(x, y)$ 表示两个字 x 和 y 之间的交互信息值，其计算方法见公式（4-4）：

$$I(x, y) = \frac{p(x, y)}{p(x)p(y)} \tag{4-4}$$

其中，$p(x, y)$ 表示 x 和 y 在语料库中相邻出现的概率，$p(x)$ 和 $p(y)$ 分别表示 x 和 y 在语料库中出现的概率。

Sun 等改进了上述方法，同时考虑两个字符的交互信息和 t 分数的差异（Sun et al.，1998）。t 分数用来判断应该将三字字符序列 xyz 划分为 xy/z 还是 x/yz。字 y 的 t 分数与字 x 和字 z 有关，由 $ts_{x,z}(y)$ 表示，其定义见公式（4-5）：

$$ts_{x,z}(y) = \frac{p(z|y) - p(y|x)}{\sqrt{var(p(z|y)) + var(p(y|x))}} \tag{4-5}$$

其中，$p(z|y)$ 表示 y 确定时 z 的条件概率，$var(p(z|y))$ 表示其方差 $p(y|x)$ 和 $var(p(z|y))$ 与之类似。这衡量了 y 与上下文 x 和 z 的组合趋势：如果 $ts_{x,z}(y)<0$，说明 y 更容易与 x 进行组合；如果 $ts_{x,z}(y)>0$，则更容易与 z 组合。进一步的测量用于对较长的序列进行分词。将交互信息和 t 分数的值结合起来，确定最佳分词方式。

Ge 等（1999）提出了一个基于 EM 算法的概率模型。该模型作出了以下三个假设：

①长度在 1～k 的词的数量是有限的（如 $k=4$）；

②每个词出现的概率是未知的；

③词与词之间相互独立。

在该算法中，词是来自训练语料库的候选多元组。词的出现概率首先被随机分配一个值，用来对文本进行分词。然后基于分词结果为词的出现概率赋予新值，并用新的词的出现概率值对文本进行分词。重复该算法，直到收敛。

（2）基于词典的统计分词方法

研究人员尝试将统计和基于词典的两种分词方法结合起来，以取得更好的分词结果。Sproat 等（1996）提出了使用加权有限状态传感器来进行中文分词。该模型的工作原理如下。

①一个词典代表一个加权有限状态传感器。每个词代表表示字及其发音之间映射的一系列弧。结尾的加权弧代表与空字符串之间的映射。

②词的权重代表着它们的预估成本。用词的负对数概率度量其权重，该权重由其在 20 M 大小的语料库中出现的频率计算得到。

③用一组中文字将输入 I 表示成一个未加权接受器。

④选择具有最低成本的路径作为输入的最佳分词方式。

词 w 的成本用 $c(w)$ 表示，其计算方法见公式（4-6），其中 $f(w)$ 表示该词在语料库中出现的频率，N 表示语料库的大小。

$$c(w) = -\log \frac{f(w)}{N} \tag{4-6}$$

基于词典的统计分词方法也被用于估计派生词和人名出现的概率，对此，需要不同的机制来估计不同种类未登录词出现的概率。

例如，对于派生词，Church 和 Gale（1991）采用古德-图灵估计的方法，未知实例的聚合概率估计为 n_1/N，其中 N 是语料库的大小，n_1 是已知的（结构）种类数。用 X 表示一个特定的后缀，用 unseen(X) 表示具有后缀 X 的派生词集合，然后根据古德-图灵估计得到 $p(unseen(X)|X)$ 的估计值，即假定具有后缀 X 的派生词是存在的，发现一个以前没有见过的具有后缀 X 的派生词的概率。然而，对于其他种类的未登录词，例如"聊聊"，该方法不适用，该方法

仍然没能解决估计其他种类未登录词出现概率的问题。Church 和 Gale 指出，处理叠词的唯一方法就是预先扩展出叠词的组成形式并将其汇总到词汇转换器中。

采用基于词典的统计分词方法的另一个实例是 Peng 和 Schuurmans（2001）提出的用于中文分词的 EM 算法的改进算法。该方法使用了包含现有词的核心词典和包含所有其他未在核心词典中出现的候选词典。EM 算法用于两个词典的训练语料库的最大似然估计，为核心词典提供候选新词。只要新词被添加到核心词典，就要将总概率的一半赋予核心词典从而对 EM 算法重新进行初始化，参考核心词典中的词进行分词。EM 稳定后，利用交互信息来消除较长的聚合，这能有效地避免 EM 算法造成的局部最大。Ge 等（1999）提出在进行分词时将未登录词进行分词。交互信息的优化固然会对结果的提升有很大帮助。实验结果表明 Sproat 等（1996）提出的基于词典的作用似乎比模型本身更重要。

3）基于理解的分词方法

在上述方法中，处理句子时并不考虑先前句子的任何信息，所以每个句子都被认为与其所在上下文无关。一些调查研究发现考虑句子语法结构时会取得更好的分词结果。Chen 和 Bai（1997）提出了基于理解的分词方法，该方法利用分段训练语料库来学习一组规则以区分单音节词和可能是未登录词组成部分的单音节语素。将单音节词作为词单元实例，将组成非单音节的未登录词的字作为非词单元。然后通过检测词单元和非词单元实例及其在语料库中的上下文得到一组基于上下文的规则。根据这些规则来计算其排序。准确率超过预定阈值的规则被按序用于区分词单元和非词单元。其公布的最佳准确率为74.61%，召回率为 68.18%。

Chen 和 Ma（2002）改进了该算法。在确定词单元和非词单元后，他们利用一系列上下文无关的词法规则来对未登录词结构进行建模。两个示例规则如下：

例 4-6

（a）UW → ms(?)ps( )，　（b）UW → UWps( )，

其中，UW 是未登录词（Unknown Word）的缩写，未登录词是起始符。ms(?)、

ps( )和 ms( )是三个终结符,分别表示被检测为非词单元的单音节词、未被检测为非词单元的单音节词和已知的多音节词。这些规则通常附带着语言的限制(如限制符号的句法类型)或者统计的限制(如需要符号的最小值)以避免过度提取。根据这些规则的右侧符号关联强度对其进行排序。最后,使用自下向上的合并算法,参考词法规则提取未登录词。其公布的准确率为76%,召回率为57%。

Wu 和 Jiang(1998)做出了进一步改进,提出了利用语法分析的分词方法,提出用语法分析器进行分词。研究表明,最大匹配(Maximum Matching,MM)算法过度依赖词典,而缺乏全局信息。与之类似,统计方法缺少语法分析器能够提供的句子结构信息。因此,Wu 和 Jiang 应用句子理解的技术进行分词。然而,在一些实验中,分词过程中添加语法分析器并不能显著提高准确率(Huang and Zhao,2007)。

4)基于机器学习的分词方法

随着分词训练语料库变得可用,一些监督的机器学习方法也被应用到了中文分词中。考虑该领域有大量的研究文献,本小节只介绍一些使用该方法的最新的成功案例。

(1)基于转换的学习算法

基于转换的学习(Transformation-Based Learning,TBL)算法(Brill,1995)可能是第一个应用于中文分词的机器学习算法(Palmer and Burger,1997;Hockenmaier and Brew,1998;Florian and Ngai,2001;Xue,2001)。该算法使用一个预分词参考语料库和一个初始分词器。初始分词器可以很简单也可以很复杂,可以简单地把每个字当作一个词,也可以复杂到能够实现 MM 算法。初始分词器用来对未进行分词的参考语料库进行初次分词。在第一次迭代中,基于转换的学习算法将初次分词结果与参考语料库进行比较,确定一个基于一些评估函数(如分词错误数减少)能够取得最大增益的规则。应用该规则更新初次分词结果,并不断重复该算法直到最大增益低于预定阈值且附加任何规则都没有显著提高。该算法输出一组分级规则,可以用来处理新文本。

(2)隐性马尔可夫模型

另外一个具有代表性的基于机器学习的算法是由 Ponte 等(1996)提出的,

该算法尝试将隐性马尔可夫模型（Hidden Markov Model，HMM）应用于中文分词。该算法需要词性标注，能够同时进行分词和词性标注。

该方法具体表述如下。用 S 表示给定的句子（字符序列），$S(W)$ 表示构成词序列 W 的字符序列。如果用 $W=w_1, \cdots, w_n$ 表示给定的词序列 W，词性标注就被定义为确定词性标签序列 $T=t_1, \cdots, t_n$。目的是找到能够使以下概率最大化的词性标签序列 T 和词序列 W：

$$
\begin{aligned}
W,T &= \arg \max_{W,T,W(S)=S} P(T,W|S) \\
&= \arg \max_{W,T,W(S)=S} P(W,T) \\
&= \arg \max_{W,T,W(S)=S} P(W|T)P(T)
\end{aligned}
\tag{4-7}
$$

近似认为标记概率 $P(T)$ 仅由前一个标签确定，条件词概率 $P(W|T)$ 由该词的标签确定。HMM 假设每个词都生成与该词词性标签相同的隐藏状态。记标签 t_{i-1} 以概率 $P(t_i|t_{i-1})$ 转变到另一标签 t_i 的概率为 $P(t_i|t_{i-1})$，输出一个词的概率为 $P(w_i|t_i)$。两个概率的近似值可以重写如下：

$$
P(W|T) \overset{\Delta}{=} \prod_{i=1}^{n} P(w_i|t_i)
\tag{4-8}
$$

$$
P(T) = \prod_{i=1}^{n} P(t_i|t_{i-1})
\tag{4-9}
$$

使用最大似然估计法根据实例在标注语料库中的频率估计概率值。$F(X)$ 表示实例在标注语料库中的频率，$<w_i, t_i>$ 表示词和标签同时出现，$<t_i, t_{i-1}>$ 表示两个标签同时出现。

$$
P(w_i|t_i) = \frac{F(<w_i,t_i>)}{F(t_i)}
\tag{4-10}
$$

$$
P(t_i|t_{i-1}) = \frac{F(t_i,t_{i-1})}{F(t_{i-1})}
\tag{4-11}
$$

对句子的所有分词方法可以用网格表示。网格中的节点表示所有可能的词及其词性标注。根据估计参数，利用维特比算法（Forney，1973）确定最有可能的标注和词序列。在实际操作中，计算 $P(w_i|t_i)$ 和 $P(t_i|t_{i-1})$ 的负对数似然值作为成本。概率最大化就等同于成本最小化。

该方法只能分出词典中的已知词。对于词典以外的词，就要依赖于句子中能够在词典中被找到的部分进行分词。

（3）其他算法

Gao 等（2005）使用源-通道模型进行中文分词。在该系统中，定义了 5 类词，分别是词典中的词、词法派生词、虚构词、命名实体和新词。每个字序列都按照下列源-通道模型的基本形式被分割成一个词类序列。

$$w^* = \arg\max_{w \in \mathrm{GEN}(s)} P(w|s) = \arg\max_{w \in \mathrm{GEN}(s)} P(w)P(s|w) \qquad (4\text{-}12)$$

其中，s 表示一个字序列，w 表示一个词类序列，$\mathrm{GEN}(s)$表示 s 可以被分割成的所有候选词类序列的集合，w^* 表示最有可能的候选词类序列。源-通道模型的基本形式是一种线性混合模型，其系统中含有大量语言和统计特征。在这种线性模型中，词类序列的似然的求法见公式（4-13），公式（4-12）被重写为公式（4-14）：

$$\mathrm{Score}(w,s,\lambda) = \sum_{d=0}^{D} \lambda_d f_d(w,s) \qquad (4\text{-}13)$$

$$w^* = \arg\max_{w \in \mathrm{GEN}(s)} \mathrm{Score}(w,s,\lambda) \qquad (4\text{-}14)$$

其中，$f_d(w,s)$是被定义为词类三元模型对数概率的基本特征，$d=1,\cdots,D$，$f_d(w,s)$是词类 d 的特征函数，且具有权重 λ_d。λ_d 通过梯度下降框架估计得到。

到目前为止，我们已经讨论了几种分词方法，这些方法各有优缺点。基于词典的分词方法易于实现，对已知词的检测可以取得较高准确率，但是由于检测新词很困难，导致召回率一般。基于统计的分词方法需要使用大量标注语料库，实验结果更好。基于理解的分词方法理论上可以达到99%的准确率，但是在测评中总体表现并不理想。因此，为了获得最佳结果，人们采取了一些将上述方法结合起来的方式，如机器学习，是当前最流行的分词方法。

4.4　分词过程中的歧义

歧义是中文分词中最主要的挑战之一，为了消除歧义，研究人员已经进行了多年的研究。到目前为止，最常用的消歧方法主要包括基于词典的，基于统计的和一些其他方法。在本节，我们首先给出中文分词中歧义的正式定义，然后详细介绍各消歧方法。

4.4.1 歧义的定义

一些中文分词中的歧义是由两个字符串存在交集引起的，即字符串交集，它满足以下两个条件（Li et al.，2003）：

存在两种分词方式 Seg_1 和 Seg_2，使得 $\forall w_1 \in Seg_1$，$w_2 \in Seg_2$，其中词 w_1 和 w_2 是不同的字符串且出现的位置也不相同；

$\exists w_1 \in Seg_1$，$w_2 \in Seg_2$，其中 w_1 和 w_2 存在交集。

第一个条件确保字符串交集中存在模糊的词边界。在例 4-7（a）中，字符串"各国有"是一个字符串交集，但"各国有企业"不是。原因在于"企业"这个词在"各/国有/企业"和"各国/有/企业"中的分词结果是相同的。第二个条件表明造成词边界模糊的原因是词与词之间存在交集，"各国"和"国有"中就存在交集。

例 4-7

（a）在各国有企业中，技术要求强的岗位数量在不断增加。

（b）在人民生活水平问题上，各国有共同点。

在例 4-7（b）中，虽然"生活"和"生活水平"都是字符串交集，但只有"生活水平"是最长字符串交集，因为"生活"是"生活水平"的子串。

4.4.2 消歧算法

1）基于词典的方法

直观上来看，消除歧义要用基于词典的方法。MM 算法被认为是最简单的基于词典的分词方法。它从句子一端开始，尽可能实现首个最长词的匹配。根据 FMM 算法和 BMM 算法的输出，我们可以确定重叠歧义出现的位置。例如，FMM 算法会将字符串"即将来临时"分割为"即将/来临/时/"，而 BMM 算法会将其分割为"即/将来/临时/"。

分别用 O_f 和 O_b 表示 FMM 算法和 BMM 算法的输出结果。Huang（1997）认为，对于存在交集的情况，如果 $O_f = O_b$，两种 MM 算法分词结果都正确的概率为 99%。如果 $O_f \neq O_b$，O_f 和 O_b 中有一个是正确分词结果的概率也是 99%。但是，为了涵盖所有的歧义情况，即使 $O_f = O_b$，也要考虑 O_f 和 O_b 可能都对，也可能都不对的情况。如果出现未登录词，FMM 算法和 BMM 算法都会将其分割成单个字。

因此，消除交集型切分歧义可以被公式化为如下的二进制分类问题：

给定一个是最长 OAS 的字符串 O 和它的上下文特征集 $C = \{w_{-m}\cdots w_{-1}, w_1 \cdots w_n\}$，令 $G(\text{Seg}, C)$ 为 Seg 对于 $\text{seg} \in \{O_f, O_b\}$ 的得分函数，消除交集型歧义的任务就变成了做二元决策：

$$\text{seg}\begin{cases} O_f & G(O_f, C) > G(O_b, C) \\ O_b & G(O_f, C) < G(O_b, C) \end{cases} \tag{4-15}$$

$$G = p(\text{Seg}) \prod_{i=m\cdots-1, 1\cdots n} p(wi|\text{Seg}) \tag{4-16}$$

注意 $O_f = O_b$ 表示 FMM 算法和 BMM 算法得到相同的结果。分类过程可以表示为：

（a）如果 $O_f = O_b$，任选其中一种分词结果，因为二者是相同的。

（b）否则，根据等式（4-15）选择 G 分更高的结果。

以"搜索引擎"为例，如果 $O_f = O_b =$ "搜索|引擎"，那么就将"搜索|引擎"作为分词结果。对于例 4-7（b）中的例子"各国有"，$O_f =$ "各国|有"，$O_b =$ "各|国有"。假定 $C = \{在，企业\}$，即使用大小为 3 的上下文窗口，如果 $G($"各国|有，"$\{在，企业\}) > G($"各|国有，"$\{在，企业\})$，则将"各国|有"作为分词结果，否则将"各|国有"作为分词结果。

基于词典的方法是一种贪婪算法，实验证明，当词典规模足够大时，该算法的准确率可以达到 90%。但是，它不能检测未登录词，原因在于只有存在于词典中的词才可以被正确地切分。

2）基于统计的方法

向量空间模型（Vector Space Model，VSM）（Salton and Buckley，1988）是典型的基于统计的方法，用来解决分词消歧问题（Luo et al.，2002）。在向量空间模型中，空间向量用来表示多义词的上下文（Yarowsky，1992；Gale et al.，1993；Ide and Veronis，1998），并且歧义词的上下文对消除组合型歧义来说是必不可少的。

在向量空间模型中，可以从句子中提取出所有与歧义词 w 同时出现的词，构成 w 的向量，用作其上下文。Xiao 等（2001）发现如果将上下文窗口大小限制在以 w 为中心的±3 个词，适于解决组合型歧义问题。图 4-2 中，在 w 前取三个词，w 后取三个词。用负数表示位于 w 左侧的词，用正数表示位于 w 右侧的词。Xiao 等（2001）提出，如果将 6 个词进一步划分为 4 个区域，用 R_1 表示 w_{-3} 和 w_{-2}，R_2 表示 w_{-1}，R_3 表示 w_{+1}，R_4 表示 w_{+2} 和 w_{+3}，可以更有效地实现消歧。

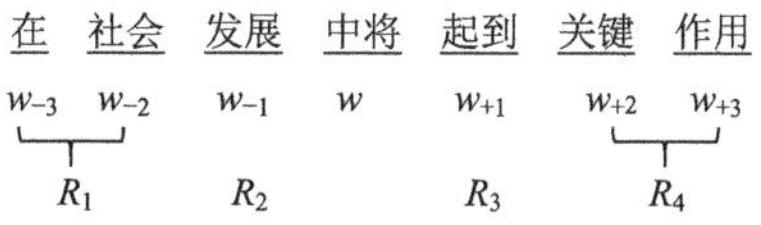

在　社会　发展　中将　起到　关键　作用

w_{-3}　w_{-2}　　w_{-1}　　w　　w_{+1}　　w_{+2}　w_{+3}

R_1　　　　R_2　　　　R_3　　　　R_4

图 4-2　w 的上下文窗口

表 4-1 对变量进行了重新定义。对于给定的歧义词 w，将 w 的分词方式 i 表示为：$i＝1$（当 w 不应被切分时），$i＝2$（当 w 应被切分时）。

表 4-1　变量定义

D	w 的分词方式，通常为 2
D_i	在分词方式 i（w 的训练集）中包含 w 的句子的集合
n	在 D_1 和 D_2 的并集中不同词的数量
tf_{ijk}	词 t_j 在集合 D_i 的区域 R_k 中出现的频率
tf_{qjk}	词 t_j 在包含 w 的输入句子 Q 的区域 R_k 中出现的频率
df_{jk}	包含存于区域 R_k 中的 t_j 的集合（D_1 和 D_2）数。取值范围 0～2
idf_{jk}	（d / df_{jk}）的对数

用于计算 R_k 中的词 t_j 对于 w 的分词形式 i 的权重公式如下（$i＝1, 2$；$j＝1, \cdots, n$；$k＝1, \cdots, 4$）：

$$TF_{ijk} = tf_{ijk}$$
$$IDF_{jk} = idf_{jk} = \log(d / df_{jk}) \tag{4-17}$$

包含 w 的输入句子 Q 和 w 的分词方式 i 之间的相似系数（Similarity Coefficient, SC）被定义为

$$SC(Q,i) = \sum_{j=1}^{n}\sum_{k=1}^{4} tf_{qij} \times d_{ijk} \qquad\qquad (4\text{-}18)$$

选择能使等式（4-18）结果最大化的分词方式 i 来对 Q 中的歧义词 w 进行分词。

向量空间模型是高维的，原因在于中文词典中有大量的词，因此，该算法存在严重的数据稀疏问题。为了解决这个问题，使用了中文同义词词典《同义词词林》（Mei et al.，1983）。用向量空间中低频词的语义代码替换词本身，这样一来模型本身的泛化能力也得到了一定程度的提升。

除此之外，还有一些基于规则的方法。这些方法基于语法和语义范畴，使用规则来预测字符串交集所属的语义范畴。这些基于规则的方法有一定的规律性，分别为两个、三个、四个字长的词设立独立的规则集。

4.5 评价标准

4.5.1 分词标准

在该部分中，我们将简要回顾一下应用于三个独立的大型语料库建设项目中的三种颇具影响力的中文分词标准。

1）北京大学标准

Yu 等（2002）提出了在北京大学创建的现代汉语语料库的分词标准。该标准的特点是有大量的特定规则。每个规则解释了怎样对特定种类的字符串进行分词。把具有超过 73 000 个独立条目的现代汉语语法信息词典（Yu et al.，2001b），作为分词的参考词典。通常，词典中的所有条目被视为一个分词单元。

2）台湾"中央研究院"标准

台湾"中央研究院"的 Huang 等（1997）提出了一套平衡语料库的分词标准。该标准也采用参考词典进行分词。与北京大学标准不同的是，台湾"中央研究院"的标准并没有使用大量的特定规则，而是定义了分词单元、两个分词原则和四个特定的分词规范。分词单元被定义为具有独立含义和固定语法范畴的最短字符串。

3）宾夕法尼亚大学标准

Xia（2000）提出了在美国宾夕法尼亚大学创建的宾夕法尼亚大学中文树库的分词标准。该标准与北京大学标准非常相像，也具有大量特定规则。每个规则说明应怎样处理特定种类的字符串。但是，与上述两种标准不同的是，该标准不使用任何参考词典进行分词。因此，分词器不能假定任何字符串是已知的，反而需要确定所有字符串的字词状态。为了实现上述要求，标准中的规则要尽可能地覆盖所有可能的情况，规则集也就随之变大。

4.5.2 国际评测

2003 年召开的国际计算语言学学会举办的首届国际中文分词评测（Sproat and Emerson，2003），已经成为评价中文分词结果的权威评测，该评测旨在比较不同方法的准确性。众所周知，中文分词没有统一的标准。制定规则的语言学家或是分词目的的差异都会造成同一段文本的分词结果不同。因此，该测评想要将训练和测试标准化，以便进行公平的评估。评测分为开放型和封闭型两种方式，开放型方式是指参加者可以使用包括给定训练语料在内的其他任何资源，如词典和更多训练数据。封闭型方式的限制条件更为严格，并且只能使用给定的训练数据。

从召回率、准确率、F 值、未登录词的召回率和已知词的召回率 5 个方面对 SIGHAN 测评结果进行评估。

召回率＝正确分词数/标准数据集中的总词数

准确率＝正确分词数/经过分词处理后得到的总词数

F 值＝2*准确率*召回率/（准确率＋召回率）

未登录词召回率＝正确分词的未登录词数/标准数据集中的所有未登录词数

已知词召回率＝正确分词的已知词数/标准数据集中的所有已知词数

第四次测评将新的命名实体识别任务添加到了分词任务中，并对以下任务进行评估：

- 中文分词
- 中文命名实体识别
- 中文词性标注

语料库由台湾"中央研究院"、香港城市大学、微软亚洲研究院、北京大学、山西大学、中国国家语言文字工作委员会和美国科罗拉多大学 7 个不同的机构提供。

4.6 开放工具

在过去十几年间，一些研究机构和大学开发了许多中文分词系统。在本节中，我们只介绍两种分词系统，分别是中国科学院计算技术研究所（ICT，2008）汉语词法分析系统（Chinese Lexical Analysis System，ICTCLAS）和微软亚洲研究院的 MSRSeg（Microsoft Research Segmenter）系统。

4.6.1 汉语词法分析系统

ICTCLAS 是由中国科学院计算技术研究所开发的最受欢迎的中文分词系统。ICTCLAS 由中文分词、词性标注、命名实体识别、未登录词检测和用户自定义词典 5 个功能模块构成。在过去的 5 年间，ICTCLAS 的核心部分进行了 6 次更新，当前的版本是 ICTCLAS 2008，可以将分词速度提高到 996 kB/s，并且准确率高达 98.45%。除此之外，ICTCLAS 2008 的应用程序接口（Application Programming Interface，API）小于 200 kB，压缩后整个词典的大小不足 3MB。在过去几年 SIGHAN 组织的中文分词评测中多次取得第一。

4.6.2 MSRSeg系统

MSRSeg（MSRSeg 不是开源工具，可以从微软网站下载）由微软亚洲研究院自然语言计算组开发，主要包括两个部分：①通用分词器（基于线性混合模型的框架，由句子分割器、候选词发生器、解码器和包装器 4 个模块构成）；②一组输出适配器（用于使前者的输出适应不同的特定应用标准）。MSRSeg 系统于 2004 年首次发布，并在过去的几年间逐年增加新功能。目前的版本可以提供一个统一的方法来处理在词汇层面的中文语言处理中存在的 5 个基本特征：词典文字处理、词法分析、歧义检测、命名实体识别和新词识别（Gao et al.，2005）（另见 3.3.1）。

S-MSRSeg 系统是 MSRSeg 的简化版本，只提供 MSRSeg 的部分功能，不包括新词识别、词法分析和标准适应。S-MSRSeg 可以从微软亚洲研究院官方网站（2008）下载。

4.7　小　　结

本节是对中文分词的一个概括。首先，比较了中英文的差异，给出了中文分词的正式定义。其次，通过生活中的例子引出分词过程中的两个主要挑战，即歧义和未登录词。再次，给出了分词方法的分类，并对一些算法做了详细介绍。此外，还介绍了三种中文分词的评价标准和 SIGHAN 组织的中文分词评测。最后，介绍了几种中文分词工具。

第5章 未登录词识别

5.1 简 介

基于词典的分词方法是比较受欢迎的分词法,预编译词典是这种方法的前提。然而,不可避免的一个问题是,词典是一个封闭的系统,这个系统由一组有限的词汇组成。但是,在自然语言系统中,几乎每天都会创造出新的词和短语。因此,在创建词典之后出现的单词将不包含在词汇表中。在基于词典的自然语言处理的应用中,如信息检索(Information Retrieval,IR)(Jin and Wong,2002),词典中未登录词的存在,会导致分词错误,这也是分词不能避免的一个问题。

近期研究表明,分词错误中超过 60%的错误是由未登录词导致的。据统计数据显示,每年有超过 1000 个新的中文词汇出现。这些词汇中大多数属于特定领域的术语,例如,"视窗",以及具备时效性的政治、社会、文化术语,例如,"三个代表""非典(SARS)""海归"。在实践中,即使人们都认识这些术语,往往也不把这些词加入词典。

未登录词以不同的形式出现,包括专有名词(人名、机构名、地名等)、特定领域的术语名词和缩写、合成词(如在博客中出现的词)等。它们频繁地出现在真实文本中,进而影响自动分词的性能。一个未登录词的出现可以导致一个句子被分成错误的词汇序列。因此,有效地检测和识别未登录词是分词的基础。

然而,识别一个未登录词是比较困难的,因为几乎所有的汉字可以是一个语素或一个字。更糟糕的是,大多数语素是多义词。以上这些使得通过语素和词的结合很容易构建出新词。如前所述,有两种构词法,即复合法和词缀法(Tseng,2003)。

(1)复合法。复合词是由其他词组成的词。总的来说,中文的复合词是由具有词法-句法关系（如偏正、动宾等关系）的词组成的。例如，"光幻觉"由"光"和"幻觉"组成，这两个词的关系属于偏正关系。"光过敏"（光敏）是由"光"和"过敏"组成的，二者也属于偏正关系。

（2）词缀法。一个词由词根与一个前缀或者后缀语素构成。例如，英语中的后缀如 "-ian" 和 "-ist" 是用于代表有某种专长的人的词，如 "musician" 和 "scientist"。这种后缀是一个单词所属语义类的明显标志。中文里也有与 "-ian" 和 "-ist" 语义相近的后缀 "-家"。然而，由于中文词缀的歧义性，和英文词缀相比，中文词缀只能提供较弱的语义特征。后缀 "-家" 包含三个主要概念：①专家，例如，"科学家" 和 "音乐家"；②家人和家庭，例如，"全家" 和 "富贵家"；③房子，例如，"搬家"。在英语中，一个具有后缀 "-ian" 或 "-ist" 的未登录词的语义是明确的；但是，在中文里一个具有后缀 "-家" 的未登录词可能有多种解释。再举一个具有歧义的后缀例子，"-性"，它包含有三个主要概念：①性别，如 "女性"；②属性，如 "药性"；③特性，如 "嗜杀成性"。尽管中文中也有利用形态后缀产生的新词，但是这些后缀在词义和句法类型的判定上，中文的效果不如英文。

在实践中，未登录词可以是不同的类型。Chen 和 Ma（1998）将前面提到的复合法和词缀法产生的词分为复合词和派生词，在台湾"中央研究院"平衡语料库中，他们观察到有 5 类未登录词频繁出现。

（1）缩略词：缩略词的形态结构的不规则性导致其识别难度的加大。它们的词缀或多或少体现了语义成分的选择习惯。但是，缩略词的词缀是常用词，这些常用词只能为未登录词的识别提供很少信息。

（2）专有名词：专有名词可以进一步分为三类，即人名、地名及组织机构名。某些关键字是每个不同子类的区分标志。例如，大约有 100 个常见姓氏，这些姓氏构成了中国人名的前缀。地区名称，如 "市" "国" 等，经常以地名后缀形式出现。公司名的识别与缩略词的识别一样困难，因为公司名对于语素成分的选择是没有限制的。

（3）派生词：派生词具有标志明显的词缀语素。

（4）复合词：复合词是一种非常有用的未登录词。结合两个词/字很容易创造出名词和动词的复合词。中文有 5000 多个常用汉字，并且每一个汉字都具有特殊的句法，因此很难通过一组形态规则去生成中文复合词集。所以中文复合词的识别也十分困难。

（5）数值类型的复合词：数值类型的复合词的特点是它们包含数字，并将数字作为它们的主要组成部分。例如，日期、时间、电话号码、地址、号码、定量复合词等都属于这一类型。由于数字是此类未登录词的主要组成部分，其形态结构更具规则性，可以使用形态学规则进行识别。

Gao 等（2005）也提出了相似的 4 类未登录词，包括形态派生词、事实[如日期、时间、百分比、金额、测量、电子邮件、电话号码、统一资源定位符（Uniform Resource Locator，URL）]、命名实体（Named Entities，NE，如人名、地名、机构名）和新词。新词是指那些对时间敏感的概念或特定领域的术语。每个类型的比例如下（图 5-1）。

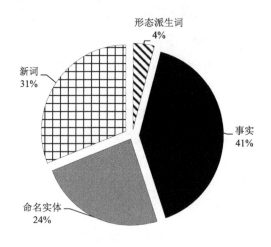

图 5-1　各类未登录词的比例

5.2　未登录词的检测及识别

未登录词的识别方法包含基于规则的方法，以及基于统计和学习的方法。无论使用哪种方法，主要目的是判断一个字符串是否属于字典中的单词及一个未登录词字符串是否可以形成一个词。通常情况下，用于未登录词识别的信息包括频率和相对频率、构词概率（即一个字构成词的概率）、构词方式、点互信息（Church and Hanks，1990）、左/右熵（Sornlertlamvanich et al.，2000）、上下文依赖（Chien，1999）、独立词概率（Nie et al.，1995）、反词表等。

词频通常是挑出候选新词的出发点。语境中一个高频率或高共现频率的字符串，通常被视为一个候选新词。然而，统计的方法很难识别出低频新词。

构词概率和构词模式都反映了中文的形态属性。例如，Chen 等（2005），Wu 和 Jiang（2000），以及 Fu（2001）在未登录词识别的研究中，对于初始分词划分的相邻单字，如果它们的构词概率大于预设阈值，则使用该概率合并相邻单字。此外，Wu 和 Jiang（2000）及 Fu（2001）还使用了构词模式来描述一个字出现在一个词的特定位置的可能性。

内聚性度量，如互信息，可以评估构成候选新词的 n-gram 要素之间的内在关联强度。左/右熵及上下文依赖关系描述了当前词汇（字符序列）在其上下文中的依赖性。当前词汇的上下文依赖性越小，它是一个中文词汇的概率就越高。

识别过程分为两步：第一步候选词检测和未登录词识别。第二步的任务是验证或消除在第一步中检测过的候选词。

包括 Wu 和 Jiang（2000）在内，许多人都试图识别出由多个字组成的未登录词。因此，如果在基本分词和命名识别完成后发现一个单字符序列（不被任何词所包含），该序列很有可能是一个新词。这一基本的直觉认识已被广泛讨论。然而，并不是每个中文字符序列都是一个词。因此，只有那些不大可能属于现有词汇的单个字符序列才是合适的候选新词。

独立词概率是单个字符或字符串的一个属性。单个字符的独立词概率是该字符在文本中作为独立词出现的可能性，定义如下：

$$\text{IWP}(c) = \frac{N(\text{Word}(c))}{N(c)} \tag{5-1}$$

其中，$N(\text{Word}(c))$是在给定文本语料库的句子中，一个字符作为一个独立词出现的次数，$N(c)$是该字符在同一语料库中出现的总次数。

另外，Li 等（2004）和 Nie 等（1995）提议使用反词表（即功能性字符表）以排除不合适的候选新词。例如，应该消除含有功能字符（如单个字符的介词、副词和连词等）的候选未登录词。在候选词的过滤中，Cui 等（2006）对垃圾串的检测方法进行了大量研究。他们设计了不同的过滤机制，用多种新的词汇模式将真正的新词从垃圾串中分离出来。这些过滤机制能够从语料库中自动学习垃圾串、垃圾词汇、垃圾头和垃圾尾的特征。

Li 等（2004）也研究了新词与词典词之间的相似之处。其假设是：如果两个字在同一个词汇模式中出现次数越多，它们之间的相似性就越可靠。例如，"下"与"上"具有完全一致的词汇模式，它们很可能会产生相似的词。下列相似度的计算公式中，a，c，x 分别代表一个汉字。如果变量是一个词时，$C(.)$ 代表该词在语料库中出现的次数。

$$ANA(a,x) = \frac{\sum_c [W(ac)W(xc) + W(ca)W(cx)]}{\sum_c [W(ac) + W(ca) + W(xc) + W(cx)]} \tag{5-2}$$

$$W(a,c) = \begin{cases} 1或C(ac)，如果ac在字典中 \\ 0， \qquad\qquad\qquad 否则 \end{cases} \tag{5-3}$$

一直以来，未登录词识别被认为是一个使用非迭代分词检测范例的独立过程，然而 Peng 等（2004）认为新词检测是分词不可分割的一部分，旨在提高交互式分词和新词识别的性能。为提高分词精度，需要将检测到的新词添加到词典中。在下一次再分词的迭代中，使用包含潜在未登录词（除已知词外）的扩展词典。因此，改进后的分词结果可以进一步提高未登录词识别的下一次迭代效果。

由于未登录词的类型繁多，找到一种统一模式或分类算法来处理所有的未登录词是不现实的。不同的特征可以用来识别不同类型的未登录词。例如，人名识别依赖于人的姓氏，而姓氏是一个有限的字符集。因此，一些研究会侧重于特定类型的命名实体识别，主要是人名、地名和组织名。

5.3　中文人名识别

一个人的中文名字由一个姓和紧跟其后的名组成，姓和名都可以是一个或两个字。《人民日报》语料库的统计显示，中国人名在所有未登录词中占比超过 1/4。

除与英语中对应的挑战性问题以外，中国人名识别还存在以下难点。首先，姓名的构成是任意的，也就是说，没有太多的规则或模式可遵循。其次，名字没有"边界标记"，如英文中的大写字母。最后，不同的新闻机构和不同地区的人可能会把同一个外文名字翻译成不同的中文名字（Gao et al.，2004；Gao and Wong，2006）。

中文人名识别基本上是由姓驱动的。虽然中国古代和现代的文学作品中有多达 5662 个姓，但现在常用的姓氏不超过 300 个。现在互联网上有一些现有姓氏词典和姓氏统计，如"千家姓"，以及一些出版的书籍，如《百家姓总汇》《姓氏词典》《中国古今姓氏词典》《中华姓氏大辞典》及《姓氏人名用字分析统计》等。

通过简单地使用预先编译的姓氏字典，姓氏识别结果已经取得了较高的召回率和精度。相对而言，名的识别更有难度，这有两个原因：首先，名可以使用的字更加随机和分散；其次，这些字可以是日常用词自身或者是可以构成日常用词的相邻字组合。在表 5-1 中列举了几个有趣的例子。

表 5-1　不同汉字构成的中文名字的举例

名字中日常用词类型	举例
两个字的名字	高峰，文静
三个字的名字	黄灿灿
前两个字构成词	刘海亮，黄金荣
后两个字构成词	朱俊杰，叶海燕

因此，名字识别问题可以转化为名字正确边界检测问题。有一个快速的解决方案是，可以利用大多数名的长度是 1 或 2，作为识别名字边界的立足点。然而，想得到更高的识别精度，就不能简单地依赖名字的结构，必须经过调查验证，将广泛用于构成名字的字及位于名字左、右边界的字考虑进来。

名字在中文中是一种特殊的名词，因此与其他名词一样，其识别可以通过上下文信息加以改进。许多研究工作使用人工构造的人名上下文词表，词表中包含位于人名右侧，可以指示人名特性的词汇。例如，头衔"总理""厂长"等；还有一些后边常跟人名的动词，如"授予""接见""称赞"等。还有些研究利用了固定句式，如"以…为""任命…为""记者…报道"等。

通常来说，可以使用人工或机器抽取的方法，从标注语料库中收集姓氏表、单字名字中的字表、两个字的名字中的第一个字的字表、第二个字的字表，头衔表，以及名字前缀表，如"老"和"小"。条件允许的话，这些字不同用途的统计数据也可以保留。在基于规则的方法（Luo and Song，2004）中，可以将这些表及其统计数据作为规则使用；或在基于概率的方法（Wang and Yao，2003；Zhang and Liu，2004；Zhang et al.，2006）中，这些表及其统计数据可以作为特征使用。可以看到，在人名识别的研究中，字典起着重要的作用。

正如前所述，部首是汉字的主要组成部分。部首大致可分为表意部首和表音部首。表意部首可以表达一个字的范围或某方面的含义，从而可能提供关于该字含义的特征。而表音部首往往与一个字的发音有关。一些有趣的研究试图探索表意部首和用作名字的汉字之间的相关性，以便使得人名识别算法可以利用这些表意部首作为计算资源。

取名在中国传统文化中是非常重要的。名字的表意部首可以承载一些文化元素，例如，人们倾向于选择以"玉"和"马"为部首的字作为名。名字的表意部首也有性别差异，如以"女"和"草"为部首的字广泛用于女性名字中。

前面也提到过，如何识别外文人名的中文译名也是人名识别的难点之一。外文名字通常根据源语言的发音进行音译（Gao et al.，2004；Gao and Wong，2006），这些译名可以是任何长度，这对人名识别构成了巨大的挑战。幸运的是，有一些汉字经常出现在音译人名中，如"尔""姆""斯"。这些字通常不具有明显的含义，甚至不被认为是常见的汉字。但有些音译人名汉字也可能在其他上下文中出现。例如，"克"字经常在音译人名中出现，但它也经常与其他汉字构成很多常见的中文词汇，如单词"克服"。在这种情况下，必须利用上下文信息解决歧义问题。

5.4　中文组织名识别

因为关于组织名称的特征较少，与人名、地名及其他未登录词识别相比，中文组织名识别是一个更困难的任务。

1）难点

（1）与人名相比，组织名的构成规则比较复杂。组织类型是唯一清晰的特征。

（2）与人名不同，组织名没有可预测的长度。组织名的长度从两个到几十个字符不等。

（3）组织名包含很多其他类型的名称。大部分组织名都嵌入了地名，其中很多是未登录地名。因此，组织名的识别准确率在很大程度上取决于地名的识别准确率。

（4）组织名包含的词是多种多样的。据统计，在 10 817 个组织名中，包含了 19 986 个不同的字，这些字囊括 27 种词性标签。其中，名词排在首位。这个问题比其他类型的名称复杂得多。

（5）很多组织名省略了组织类型的部分，如"微软"和"宏基电脑"，而且这些组织名不止一种缩写。因此，中文组织名识别不仅要识别不同形式的组织名，而且要识别出其缩写，这使得组织名识别更加困难。

2）中文组织名的内部结构

组织名没有固定的内部结构。简而言之，一个中文组织名由两个部分组成，第一部分是专有名词，第二部分是组织的类型。组织的类型，如"公司""基金会"和"大学"等，这些名词清晰地表明了组织的类型，从而可以作为组织名识别的特征词，用于判定组织名的右边界。因此组织类型有时被称为组织名的特征词，而第一部分的专有名词被作为组织名的前缀词。幸运的是，虽然前缀专有名词范围是无限的，但是组织类型的数量是有限的。因此，组织名左边界的判定成为组织名识别中至关重要的环节。现有的识别方法中，有些侧重于组织名左边界的判定，有些在语言分析/统计特性的基础上寻找可能组成组织名的字符，有些利用组织名的专用词/词性标注约束试图从候选组织名中过滤掉不可能的候选词。

3）组织名成分特征

在一个规模足够的语料库中，通过统计可以得到组织名中每个词或字出现或不出现的概率。组织名中出现的词/字通常可以用来构造组织名词/字表。很多词表，如著名组织名及其对应缩写表，可以从中提取成分特征。

4）左边界识别特征

左边界词有（a）地名，例如，"北京饭店"，表明酒店坐落于北京市；（b）组织名，例如，"北京大学数学学院"，"北京大学"是"数学学院"上级；（c）特殊词，例如，"NEC"。

5）组织名成分约束

根据中文命名习惯，人们不会选择一些"停用词"，如"失败"和"其他"，作为组织名的一部分。在这一基础上，有很多识别方法，可以分为基于规则的方法（Chen and Chen，2000；Zhang et al.，2008）及基于概率的方法（Sun et al.，2003；Wu et al.，2003；Yu et al.，2003a）。

值得一提的是，Yu 等（2003a）提出了一种基于角色标注的方法。在分词和词性标注的基础上，他们为词项定义了 11 种角色，包括组织名语境词、组织名特征词、组织名专用词及几种前缀词。最终，组织名的识别问题转化为角色标注问题。

随着互联网技术的飞速发展，网页已经成为信息抽取的重要数据资源。通常情况下，侧重于纯文本内容的名称识别方法应用到网页上效果较差。Zhang等（2008）挖掘了纯文本与网页的区别。基于超文本标记语言（Hypertext Markup Language，HTML）的网页结构特点有：①网页编辑通常会将重要的命名实体分离；②网页的层次结构要有利于确定已识别实体间的联系，否则将很难与纯文本关联；③在网页中，重要的组织名经常反复地在不同的位置出现，如标题、元数据、链接锚文本等。他们的识别方法是基于规则的。

根据构造惯例，组织名缩写通常是在组织全名的基础上创建的，示例如下。

（1）选择组织名中每个词的第一个字作为缩写，如"华东师范大学"→"华师大"。

（2）如果组织全名中包含专有名词，选择专有名词作为缩写，如"美国耐克公司"→"耐克"。

（3）如果组织全名以地名开头，选择地名和其他词的第一个字作为缩写，如"上海交通大学"→"上海交大"。

（4）除去地名及组织名的特征词，从组织全名中选择其他词作为缩写，如"中国南方航空公司"→"南方航空"。

（5）除去地名及组织名的特征词，从组织全名中选择每个剩余词的第一个字作为缩写，如"中国南方航空公司"→"南航"。

（6）先除去组织名特征词，从组织全名中选择每个剩余词中的一个字，最后加上组织名特征词作为缩写，如"交通银行总部"→"交行总部"。

在已经识别出组织全名的基础上，这些规则可以用来识别这些组织名的缩写。

5.5　中文地名识别

中文地名自动识别是中文专有名词识别的另一种情况。最简单的识别方法是建立一个地名词典然后对照查找，如中国地名委员会出版的《中文地名集》。其他资源包括《中华人民共和国地名词典》《中国古今地名大词典》及《中文地名索引》等。虽然《中文地名集》包含近 100 000 个地名，Zheng 等（2001）的研究发现，真实文本中约有 30% 的地名未被地名资源收录。随着经济和社会的发展，新的地名也在不断涌现。

而且，人们有时选择地名作为名字来纪念他们的出生地，如"赵重庆"。在这个例子中，"赵"是一个典型的姓，而"重庆"是一个中国城市的名字。这类似于英文名中的"Sydney"（悉尼）。为了克服这个问题，可以结合语料统计数据和上下文规则。

基于语料的方法通常从已标注语料中，计算一个字符属于中国地名一部分的概率（地名头、地名中和地名尾）。这一概率体现了一个字构成中文地名的可能性，是一个很好的候选地名筛选方法。在大量地名语料的基础上，人工构造或机器学习所得的上下文规则可以用来筛选候选地名。以下是确认和消除规则的两个案例：

（1）如果两个候选地名是并列的，且其中一个被确认为一个真实地名，则另一个也应该被确认为一个真实地名。

（2）如果候选地名的前一个词是人名，则消除。

与其他类型的名称识别工作相比，地名识别的工作相当有限。

5.6 小　结

本章介绍了中文分词的未登录词问题。未登录词问题是指新词未被词典收录，如果这种词典用于分词，分词的性能必然受到影响。

未登录词包括人名、地名及组织名等专有名词。本章介绍了很多名称识别方法。常见命名结构、名字常用字、上下文信息都可以作为识别特征。这些特征可以通过手工或者自动的方法从语料库中获取。

第6章 词 义

6.1 基本含义、概念及联系

在前面的章节中，侧重点在词的结构上。然而，词义及其语言内外的语境对于中文而言也十分重要。只有利用单词更完整的含义，才能解决自然语言处理中的许多问题，如词义消歧、句法分析纠正、语句理解、信息抽取及机器翻译等。因此，本章主要对词义进行阐述，包括基本含义的概念及其关系，结构的上下文概念，搭配、动词配价及中文自然语言处理的语义资源，如辞典/词典和知识库，包括《同义词词林》（CILIN），知网（HowNet）和中文概念词典（Chinese Concept Dictionary，CCD）。以下是英语和中文中一些通用的基本语义概念及词与词之间的关系。

（1）涵义/语义/含义：都是指含义。

（2）义元：词义中不能被进一步分割的最小单位（例如，义元"动"被"走""跑""滚""跳"等各种动作语素所共享）。

（3）同音：发音相同但含义不同的词（例如，"bank"表示至少两个同音词，一个表示金融机构，另一个是河岸）。

（4）多义：具有多个不同而又相互关联的含义的词或短语（例如，"床"既可以指河床也可以指一种家具）。

（5）同义：具有相似或相同含义的不同的词（例如，"student"和"pupil"，"buy"和"purchase"等）。

（6）同义词集：同义词的集合。

（7）反义：具有矛盾或相反含义的不同的词（例如，"完美"和"不完美"是矛盾的，因为如果它不是完美的，那么它就是不完美的；但是"大"和"小"是彼此相反的情况，因为有些事情可以既不"大"也不"小"）。

（8）上位：上级或属于更高级别或类别的语义关系（例如，"生物"是

"人类"的上位词）。

（9）下位：与上位相反的语义关系；从属或属于较低等级或类别的语义关系（例如，"成人"是"人类"的下位词）。

（10）整体：表示整体的术语与表示整体的一部分或成员的术语之间关系的词。（例如，"树"是"树皮""树干""树枝"的整体）。

（11）部分：与整体对立的语义关系；命名更大整体的一部分的词（例如，"手指"是"手"的部分，因为手指属于手的一部分。与此类似，"轮胎"是"汽车"的部分）。

（12）转指：某概念由与该概念紧密相关的事物的名称来代指（例如，使用"白宫"代指"美国总统"就是使用的转指）。

（13）命题：指语句的含义（例如，"人生而平等"是一个命题）。

6.2 框架、搭配及动词配价

词本身一般无法毫无歧义地代表某种含义。Filmore（1982）提出的框架语义学理论认为，一个人在没有接触与这个词相关的重要知识的前提下不可能理解这个词的含义。例如，一个人在不知道商业贸易所有知识的前提下不可能理解"卖"这个词。因此，这个词引发了一个与销售有关的框架，即与销售这个特定概念相关的语义知识的相关概念结构。

词的搭配应放在意义的大背景下考虑。词的搭配是关于如何在语义或实用原因上同时使用某些单词的限制。例如，介词-名词对，它为特定名词确定一个合适的介词；或动词-宾语对，它可以确定哪些动词和宾语可以一起搭配使用。中文搭配的概念及中文自动搭配抽取的方法将分别在第 7 章和第 8 章中作详细解释。

特别是在有动词的情况下，一个词如何适用于更大规模的上下文时也有句法表现。一个动词的含义决定它是否可以采用一个、两个或三个名词短语参数，即动词配价。例如，"游泳"这个动词只能有一个参数，"购买"则可以接受两个参数，"出现"最多可以有三个参数。一个参数对从句中的主要动词有语义作用。语义角色可以举例如下。

（1）施事者：引发或引起由子句中的动词表示的事件的有生命的实体

的语义角色。

（2）受事者：不是代理但直接参与或受到子句中动词所表示的事件影响的实体的语义角色。

（3）受益人：从子句的动词表示的事件中受益的预期接受者的语义角色。

（4）工具角色：代理用于执行操作或启动过程的实体（通常是无生命的）的语义角色。

（5）接受者：被动参与由子句中的动词表示的事件的有生命的实体的语义角色。

（6）定位：指定由动词表示的状态或动作的地点的名词短语的语义角色。

人们需要从主体和对象的句法概念中区分出语义角色。虽然主体可以是施事者，但它也可以不是；它也可以是"玻璃碎了"中的受事者，其中"玻璃"不是施事者，而是受事者。

6.3　中文字典／词典

字典，也称为词典，是自然语言处理应用的重要资源。一些分词算法依赖于高质量的电子词典。因此，理解中文词典中的特殊性是非常重要的。

字典和词典。在英语词典中，基本单位是单词。但由于中文书写的基本单位是字，所以传统的中文词典使用字而不是词作为主要单位。然而，现代词典大多是基于词的。人们称基于字的字典为字典，基于词的字典为词典。

中文词典的组织。基于发音和含义，英语词典中的条目可以排序，由于中文书写中音和形的间接联系，中文词典也可以通过字的图形结构来组织。

音。在中国大陆出版的字典中，通过使用 25 个顺序与英语字母表顺序相同的字母（不使用字母"v"）的拼音来对条目进行排序。台湾地区出版的字典可以使用注音符号 Zhùyin fúhào。此类大陆出版的评价较好的词典是《现代汉语词典》（Dictionary，2005）。

值得一提的特殊词典是《ABC 汉英词典》（DeFrancis et al.，2005），它使用严格的字母顺序，而不是常见的多字组合中首字字母顺序。在《ABC 汉英词典》中，"仍 réng"排在"认识 rènshi"之前，因为字母"g"在字母"s"

之前。然而，更常见的情况是，"仍 réng"排在"认 rèn"之后。虽然头字符排序假设把词先分解成组件字符，但是《ABC 汉英词典》这样的词典没有这样做。

在另一种词典中，词通过音排序；它被称为倒序词典（即逆序词典），它按照最后一个字母而不是第一个字母来对词进行排序。即使比非逆序类词典少见，但对某些应用（如基于词典的反向最大匹配字分段算法）来说，这种类型的词典仍然是比较有用的。

图形。因为未知发音的字不能通过音来进行查找，所以引入使用图形形状查找方法。所有中文词典都有按照图形组件排序的索引，我们称这种图形组件为部首。四角号码（四角法）是一种已经不再普遍使用的特殊的基于图形的查找方法，其可以通过在字的 4 个角采样的 4 个笔画唯一地识别该字。

含义。部分著者也许不清楚该使用哪个词来表达特定含义，为了满足这些著者的要求，这里还有用含义类别组织的中文词典，类似于 Roget 的英语词典。这些词典将一些结构化类别中的同义词或近似同义词分组。此类为众人所熟知的中文词典是 Mei 等（1983）的《同义词词林》。它的三层意义范畴提供了很多关于词与词之间关系的信息。

6.3.1 《同义词词林》

《同义词词林》是由一组语言学家编纂的一部以翻译和写作为目的的现代中文同义词词典。《同义词词林》基于语义关系树形层次结构中对常用中文词进行分类，其中包含的语义知识对自然语言处理的许多应用来说非常有用。由于中文与其他语言相比，如英语，具备更多的语义驱动特征。对研究人员来说，即使研究多年，定义一套完整的正式语法规则仍然比较困难。一个中文句子的表述更多的是由词的语义关系而不是词的语法关系确定。为此，词的语义关系知识在中文自然语言句子处理中扮演着至关重要的角色。对自然语言处理的许多应用如词义消歧、信息检索、复合词的检测等而言也是非常有用的。

《同义词词林》包含大约 63 600 个字，52 500 个词，每个词平均有 1.2 个条目。《同义词词林》根据三级语义树结构对词进行分类。这种层次结构反映了词汇之间的语义关系，并由 12 个顶级、95 个中级和 1428 个低级的语义类定义。每个层次的语义类依次由一组词组成。实际上，相同层次的语义类下的单词共享这个类的概念。图 6-1 是从词库中提取的一个例子。

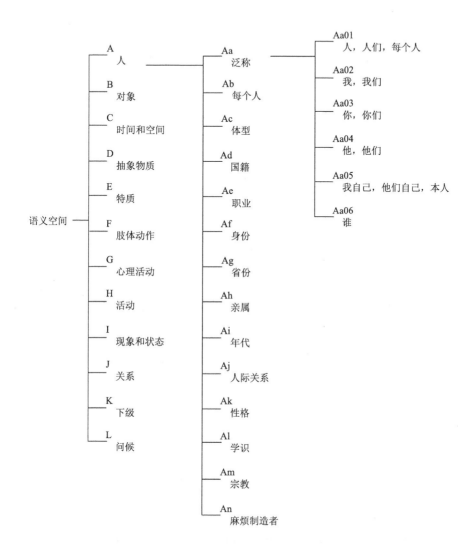

图 6-1 《同义词词林》中的一个例子

如图所示，从左到右，即层次结构的跨度，A-L 为 12 个顶级类，Aa–An 是中级类的实例，Aa01–Aa06 是低级类的实例。例如，单词"谁"，即低级类 Aa06，属于中级类 Aa[泛称]及主类 A[人]。此外，低级类 Aa06[谁]由如图所示（p.2，CILIN）的 9 个词组成：

> 谁 孰 谁人 谁个 何人 何许人 哪个 哪位 若个

一个词可能出现在多个层次的分支中。平均来说，一个词有 1.2 个条目，即 63 K / 52 K。进一步的顶级类包括多个中级类及每个中级类都可能有多个低级类。两个不同的词在不同的层次上可能存在语义类别重叠。两个词的语义类别重叠程度反映了词的相似性程度。

《同义词词林》是中文自然语言处理的宝贵知识资源。近来，Lua 对《同义词词林》进行了大量的研究。他提出了从词林中抽取语义知识的常规简单的共生方法（Lua，1993）。然而，简单的共生统计只能解释词林中语义类别中的强关系（即直接连接）而不是它们之间的弱关系（即间接连接）。Wong 等（1997）提出了一个替代的方法，这种方法可以从同义词词林抽取部分语义信息。

6.4　Word Nets

为满足自然语言处理和语义研究的普遍需求，更丰富的词汇网络已经以 Word Nets 的形式进行了开发。有别于传统词典，Word Nets 明确显示相关条目之间的系统关系，例如，同义词、反义词、上下义词及上位词。英语的普林斯顿 WordNet 为许多其他语言的 Word Nets 提供了一个模型（Miller et al.，1993；Felbaum，1999）。中文中目前比较重要的 2 个此类词典分别是知网（HowNet）和中文概念词典。本书将在以下部分介绍它们。

6.4.1　HowNet

概述：HowNet（http://www.keenage.com/）是用于人类语言技术中含义计算的在线常识知识系统（Liu and Li，2002）。它揭示了汉-英词典中概念间的关系和概念的属性间的关系。与一些现有的语言知识资源（如 Roget 的词表和词汇网络）相比，HowNet 在以下方面是独一无二的。

（1）HowNet 中的概念定义（Definition，DEF）是基于义元的。义元不是用自然语言编写，而是用结构化标记语言编写的。例如，监狱的定义是 DEF＝{Institute Place|场所：domain＝{police|警}，{detain|扣住：location＝{～}，patient＝

{human|人：modifier＝{guilty|有罪}}}，{punish|处罚：location＝{～}，patient＝{human|人：modifier＝{guilty|有罪}}}}。这种结构化标记语言可以被转述为，"监狱是一个具有制度性并且是拘留和惩罚罪犯的地方。这个地方属于与警察和法律有关的领域"。

（2）HowNet 构建了一个关于两个概念之间和两个属性之间关系的知识库的图形结构。这是 HowNet 和其他树结构词法数据库之间的根本区别。它不仅揭示了相同词性类别内的概念关系，而且揭示了词性类别之间的概念关系，特别是名词和动词之间的语义角色关系。

（3）表示是基于用中文和英文的单词和表达式表示的概念。HowNet 假设所有的概念都可以简化为相关的义元，它定义了一组闭合的概念，从中可以组合一组开放的概念。然而，定义义元并不容易。概括地说，一个义元是指不能进一步减少的最小的基本语义单元。据统计，99%以上的汉字被包括在《说文解字》中，词典表示了与词所表示的真实概念相关的一些语义信息。例如，"日"和"月"与自然相关，"父"和"子"与人相关。受上述事实的启发，HowNet 中的语义是通过检查约 4000 个常用字符及其含义获得的。这种大规模的语言工程大约需要 3 年的注释和修改。目前，HowNet 中存在约 2088 个概念。

HowNet 中的义元在分层结构中的分类，称为分类法。分类法主要提供概念的上位词-下位词关系。HowNet 将义元划为以下 4 种分类：①事件分类；②实体分类，包括事物、部件、时间和空间；③属性分类；④属性值分类。HowNet 中有 805 个事件义元、152 个实体义元、245 个属性义元和 886 个属性值义元。事件层次结构和实体层次结构的顶层分别由图 6-2 和图 6-3 所展示。

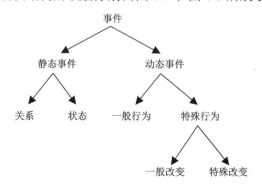

图 6-2　事件层次结构的顶层

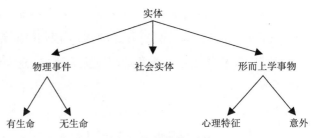

图 6-3　实体层次结构的顶层

HowNet 中的联系。概念的含义可以通过联系来理解。例如，我们可以通过"纸"与一些其他概念的关系来理解它的含义，例如，"材料""写""打印""换行"等，而且联系是基于属性的，如形式、用途、结构等。联系是 HowNet 的灵魂。

在计算语义方面，HowNet 中的联系可以分为两类，即显式关系和隐含关系。一般来说，显式关系建立在基于单个且相对显式的概念连接之上。HowNet 中有 11 种显式关系。分别为：①同义词；②同义词类；③反义词；④逆命题；⑤上位词；⑥下位词；⑦部分-整体；⑧值-属性；⑨属性-主体；⑩同源角色-框架；⑪语义角色-事件。在语言上，最后 4 种类型是词性交叉关系。7 个顶层义元（即 7 个义元类）之间的关系如图 6-4 所示。

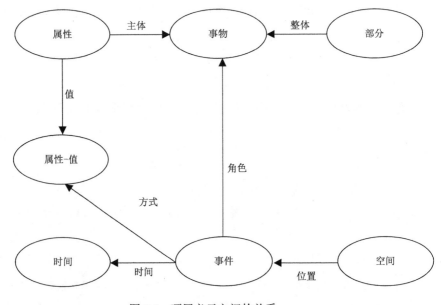

图 6-4　顶层义元之间的关系

关系也可以分为两类，即概念关系（Concept Relation，CR）和属性关系（Attribute Relation，AR）。图 6-5 和图 6-6 分别展示了"医生"的概念关系网和"纸"的属性关系网。

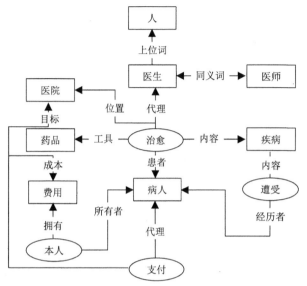

图 6-5　"医生"的概念关系

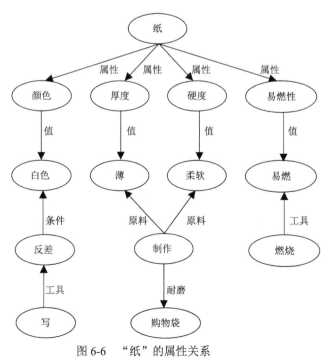

图 6-6　"纸"的属性关系

虽然在 HowNet 中，显式关系被直接表示，但隐式关系需要从 HowNet 中计算。目前，HowNet 主要表现为两种隐式关系，即概念相关性和概念相似性的关系。

HowNet 是为自然语言处理应用设计的，本质上是可计算的。它实际上是通过计算机运行的并且用于计算机的计算机系统。使用 HowNet，可以计算概念相关性和概念相似性（Liu and Li，2002）。概念相关性度量概念如何在多语义的连接中相关，概念相似性度量在 HowNet 中任何概念的任何意义之间的相似性。例如，"医生"和"牙医"具有高相似性，而"医生"和"发烧"尽管有高相关性，但是这两个词具有非常低的相似性。

6.4.2　中文概念词典

中文概念词典是由北京大学计算语言学研究所开发的类似于 WordNet 的当代中文词典（Yu et al.，2001a；Liu et al.，2002，2003）。它是一个遵循 WordNet 框架的中-英词汇网络。它与 WordNet 在结构上兼容，因为这种概念到概念的关系是使用同义词集定义的。CCD 记录同义词、反义词、上位词-下位词、部分-整体、词的搭配及它们主要的词性信息，包括名词、动词、形容词和副词。CCD 主要是对中文的词汇内容进行编码，且提出内容和概念之间的关系来表现中文的特点。

概述：CCD 旨在提供语言知识来支持中文句法和语义分析。

CCD 有三个主要的特点，使它不同于 WordNet。首先，CCD 中的名词包括时间词（例如，下午）；位置（例如，西部）；方向/方位（例如，上）；数字[例如，甲（第一）]；量词（例如，批）；还有一些代词；分化（例如，金/银、男/女）；后缀（例如，性、器、仪、机）；成语（例如，八拜之交、铜墙铁壁）；俗语（例如，木头疙瘩、光杆司令）和缩写（政协）。尽管进行了次级分类，我们也只是将其称为名词。其次，CCD 中的动词、形容词和副词的内涵和外延与 WordNet 中的不同。在 WordNet 中，概念由一组具有相同词性的同义词表示。但在语义上，属于不同词性的概念可能以某种方式相关联。例如，战争和打仗（战争中的战斗）（或战斗）是相关的，虽然第一个是名词，第二个是中文的动词。CCD 减少了 WordNet 中的这种限制。第一，关联的属性被附加到概念的特征结构上。第二，CCD 中描述的关系比 WordNet 更精细。例如，同义关系被分为相同和相似，反义关系被分为基本反义和非必要反义，在 CCD 中引入了第三种新类型的部分-整体关系。最后，搭配的示例从具有定量描述的真实语料库中选择。CCD 是 WordNet 的有效扩展。

在结构上，CCD 遵循 WordNet 的框架，并区分名词、动词、形容词和副词。每个同义词集包含一组同义词或词的搭配，并定义一个概念。一个词的不同意义在不同的同义词集中。用短定义作注解（即定义和例句）进一步阐明同义词的含义。大多数同义词集通过多个语义关系连接到其他同义词集。这些关系根据词的类型而变化。CCD 中维持的最重要的关系列于表 6-1。

表 6-1　CCD 中的关系

关系	标签	关系	标签	关系	标签	关系	标签
反义	！	反义	！	反义	！	反义	！
下位		下位		相似性	&	衍生	¥
上位	@	上位	@	关系形容词.	¥		
部分	#	蕴含	*	Also See	^		
整体	%	原因	>	属性			
属性		Also See	^				

在这些关系中，许多是反射性的，见表 6-2。

表 6-2　CCD 中的反射关系指针

指针	反射
反义	反义
下位	上位
上位	下位
整体	部分
部分	整体
相似	相似
属性	属性

CCD 中的名词。第一个问题是决定原始语义成分应该是什么。一个重要的标准是，总的来说，它们应该适用于每个中文名词。为了兼容 WordNet，CCD

采用了 25 个独特的原始语义单元，如表 6-3 所示。这些语义单元在大小上变化很大，并且不是相互排斥的；需要一些交叉引用，但总体来说，它们涵盖了截然不同的概念和词汇领域。

表 6-3　CCD 中名词的原始语义单元

{动作，行动，活动}	{动物，种群}	{人工制品}	{属性，性质}	{身体，躯体}
{认知，知识}	{交流}	{事件，意外}	{感觉，情感}	{食物}
{团体，集合}	{位置，地方}	{动机}	{自然对象}	{自然现象}
{人物，人类}	{植物，植物群}	{所有物}	{过程}	{数量，总数}
{关系}	{形状}	{状态，环境}	{物质}	{时间}

原则上，继承系统可以具有的级别数量没有限制。然而，词汇遗传系统很少超过 10 个级别，通常包含最深的例子是技术术语。在 CCD 的名词的原始语义单元中，定义了一些概念的母节点。例如，动物、人类和植物被分类为生物体，而生物体和非生物体可以通过实体来组织。以这种方式，25 个原始语义单元被构造成如下的 11 个基本类别（图 6-7）。

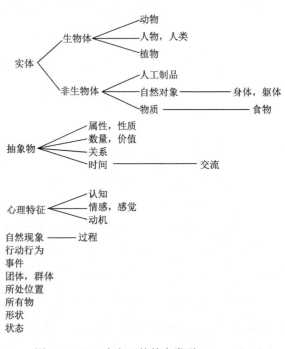

图 6-7　CCD 中名词的基本类型

在 CCD 中，名词概念之间的关系包括同义、反义、下位上位、部分-整体和属性。

1）同义关系

同义词是具有相同或非常相似含义的不同的词。作为同义词的词被认为是同义的，并且作为同义词的状态被称为同义关系。根据莱布尼茨的定义，如果一个表达式替换为另一个表达式过程中不改变被替换句子的真值，那么这两个表达式是同义的。根据这个定义，真正的同义词是比较少见的。这个定义的较弱版本将使得同义词与上下文相关；也就是说，如果一个表达式在语言上下文 C 中替换为另一个表达式而不改变真值，那么这两个表达式在 C 中是同义的。注意，如果概念由同义词表示，那么同义词必须是可互换的。不同句法类别中的词不能是同义词（不能形成同义词），因为它们是不可互换的。例如，计算机和电脑几乎可以在不改变所有上下文语义的前提下互换。因此，它们是同义词。

CCD 通过记录名词的以下信息进一步丰富名词的内容。首先，在适用的前提下，CCD 记录名词的形成规则：属性＋部分＋名词→名词。例如，“长”是名词“鹿”的属性，“颈”是“鹿”的一部分。他们的组合形成一个新的名词：长颈鹿。其次，CCD 记录形成名词的语素之间的语法关系。例如，美人（美丽的女孩）有两个语素“美”和“人”。最后，记录精确的名词分类信息。细化的分类信息包括缩写（北大和北京大学），规则和不规则词（教师和孩子王，都是教师），以及词的情绪极性（教师中性和臭老九贬义，都是指老师）。

2）反义关系

如在相反的词对中，反义词是处在固有不兼容的二元关系中的词。这里不兼容的概念意味着相反词对中的一个词不是词对的另一个成员。反义词是词形之间的词汇关系，而不是词义之间的语义关系。反义关系是对称的。下面是 CCD 中的反义词的例子：加和减、国王和王后、儿子和女儿。注意，在特定条件下，反义关系总是有效的。CCD 中反义词的表示在一些关系中被分为必要表示和非必要表示。基本反义词在一个特定条件下以 A 和 B 命名：A 是唯一的反义词选择。例如，丈夫-妻子是夫妻关系中必不可少的反义词；也就是说，在丈夫-妻子的关系下，“x 不是丈夫”等于“x 是妻子”。另一方面，非必要的反义词在一个特定条件下被命名为 A 和 B：A 不是 B 唯一的反义词选择。例如，在年龄的关系下，老人和孩子及老人和年轻人是两个非必要的反义词。CCD 中采用了《现代汉语规范用法大辞典》（Zhou，1997）和《反义词词典》中记录的匿名知识。

3）下位-上位关系

同义词和反义词是词形式之间的词汇关系，不同于同义词和反义词，下位-上位是词义之间的语义关系。如果命题"X 是一种 Y"是真，则 X 是 Y 的下位词（或 Y 是 X 的上位词）。下位关系是传递和不对称的，并且，由于通常存在单个上级，下位关系产生分层的语义结构中下位词被认为低于其上级。这样的分层表示广泛地用于信息检索系统的构造，被称为继承系统：即下位词继承更加通用的概念的所有特征，并且至少添加一个特征，该特征使其不同于其上级和该上级的任何其他下位词。下面给出分层级的上下位词的例子。

树

　　　　=＞木本植物

　　　　=＞维管植物

　　=＞植物，植物生命体

　　　　　=＞生命形式，生物体，生物

　　　　　　=＞实体

4）部分-整体关系

名词之间的部分-整体关系被称为语法学，该关系通常被认为是一种语义关系。其拥有相反的关系：如果 X 是 Y 的一部分，则 Y 被称为 X 的整体。部分关系是下位词可以继承的有区别的特征。因此，部分-整体关系和上位-下位关系以复杂的方式交织在一起。例如，如果喙和翼是鸟的一部分，燕子是鸟的下位词，那么，通过继承，喙和翼也是燕子的一部分。"部分"关系通常与"种类"关系进行比较：二者都是不对称的（具有保留性），可以是层次性的。也就是说，部分可以有部分：手指是手的一部分，手是胳膊的一部分，胳膊是身体的一部分。但"部分"测试并不总是一个可靠的部分-整体关系测试。部分-整体关系的一个基本问题是人们将接受测试框架，"X 是 Y 的一部分"用于各种部分-整体关系。CCD 中有 6 种类型的部分-整体关系。前三种类型与 WordNet 兼容，如下所示。

（1）w#p→w′　表示个体 w 是个体 w′的组成部分（例如，车轮-车）。

（2）w#m→w′　表示 w 是由个体 w′组成的集合的成员（例如，树-森林）。

（3）w#s→w′　表示 w 是由 w′产生的东西（例如，钢-钢板）。

此外，CCD 中还引入了其他三种类型的分类，如下所示。

（1）w#a→w′表示 w 是 w′的子区域（例如，石家庄-河北）。

（2）w#e→w′表示事件 w 是事件 w′的一部分（例如，开幕式-会议）。

（3）w#t→w′表示时间 w 是时间 w′的一部分（例如，唐朝-古代）。

5）属性关系

CCD 包括属性成分。特征结构是 CCD 中的节点，用于区分概念与其姊妹节点概念。例如，燕子@→候鸟（迁移），区分燕子和天鹅的特征结构见表 6-4。

表 6-4　CCD 中的特征结构

属性	黑
部分	
功能	报春
关联	

其中，"属性"是一组描述，通常是形容词；"部分"是一组不同于姊妹节点概念的主要部分，通常是名词；"功能"是一组不同于姊妹节点概念（通常为动词，即具有名词作为参数之一的动词）的主要功能；"关联"是描述诸如车祸的关联是撞车的事件的动词集。

CCD 中与 WordNet 兼容的动词有 15 个基本语义类别，如下所示：

①身体动作动词。

②变化动词。

③通信动词。

④竞争动词。

⑤消费动词。

⑥接触动词。

⑦认知心理动词。

⑧创造动词。

⑨运动动词。

⑩情感心理动词。

⑪状态动词。

⑫感知动词。

⑬领属动词。

⑭社会交互。

⑮气象动词。

在 CCD 中，动词概念之间的关系包括同义关系、反义关系、上下位关系、蕴含关系、因果关系和语句结构。

1）同义关系

当且仅当两个动词可以在所有上下文中互相替换，这两个动词才属于真正意义上的同义词。在中文中，很少动词是严格意义上的同义词。如果两个动词，U 和 U_s，几乎可以在所有语境中相互替换，则它们被定义为等价同义词。如果他们可以在部分上下文（不是全部）中进行替换，则它们被称为近似同义词。在 CCD 中，等价和近似同义词都被认为是同义词。注意，两个同义词的语法属性必须相同（例如，死、逝世、去世、升天都代表死亡）。

类似于名词，CCD 还提供动词的缩写信息，规则/不规则动词的使用及动词的情绪极性。例如，在同义词集（死、亡、死亡、逝世、过世、仙逝、老、归西、上西天、完蛋、一命呜呼和见阎王，都是指死亡）中，"死、去世、逝世"是规则动词，标记为 r。"过世、老、归西、上西天"为不规则动词，标记为 i。同时，"死、亡、死亡"被标记为中性，"去世、逝世、过世、老、仙逝"是褒义词，而"完蛋、一命呜呼、见阎王"是贬义词。

2）反义关系

与名词相比，动词的语义更难以描述：似乎不可能以名词的方式区分两个给定动词之间的反义关系。为此需要许多现实世界的知识。例如，"来/去"（或升/降）和"问/告诉"展示了不同原因的反义关系，即对于"来/去"（或升/降）的运动方向和"问/告诉"的信息的方向。

CCD 中动词反义关系的确定基于《现代汉语规范用法大辞典》。

此外，一些反义动词可以在形态过程中形成。例如，在中文中，名词"规范"和"形式"可以通过添加语素"化"而转换为动词"规范化"和"形式化"。自然地，以"规范"和"形式"记录的反义词信息可以用于获得动词的反义词，即"非规范化"和"非形式化"。

3）上下位关系

在 CCD 中，$\hat{U}$ 是 $\check{U}$ 的上位词，当且仅当"在某种特定情形下，$\check{U}$ 蕴含 $\hat{U}$"的命题为真。下位词 $\check{U}$ 需要其上位词 $\hat{U}$，或 $\hat{U}$ 替换 $\check{U}$ 而不改变句子的真值，这类似于 CCD 中名词的下位-上位关系。上下位关系是一种特殊的蕴含关系，但反之不是真的。例如，打鼾需要睡觉，但前者不是后者的下位动词。

4）蕴含关系

逻辑学上，蕴含描述命题之间的关系：命题 P 蕴含另一个命题 Q，当且仅当不存在赋值使得 P 为真，而 Q 为假。因此，蕴含是描述 P 和 Q 之间的真实关系的一种语义关系。CCD 记录动词之间的以下 4 种蕴涵情况。

动词 $\check{U}$ 的时态间隔（或点）嵌入 $\hat{U}$ 的时态间隔（或点）。例如，打鼾需要睡觉。动词之间的蕴含关系很像名词之间的部分-整体关系。

动词 $\check{U}$ 的时态间隔（或点）等于 $\hat{U}$ 的时态间隔（或点）。例如，"跛行"蕴含"行走"，因为"跛行"是"行走"的一种方式。

动词 $\check{U}$ 的时态间隔与 $\hat{U}$ 的时态间隔无关。但从 $\check{U}$ 推断，我们可以得到 $\hat{U}$。或者，如果不发生 $\hat{U}$，$\check{U}$ 也不会发生。例如，"成功"蕴含"尝试"，因为没有"尝试"将永远不会"成功"。

动词 $\check{U}$ 的时态间隔与 $\hat{U}$ 的时态间隔无关。但从 $\check{U}$ 推断，我们可以得到 $\hat{U}$。例如，"给"蕴含"拥有"，如 A "给" B 一件东西 X，使得 B 而不是 A 拥有 X。

图 6-8 中的树形结构显示了以上 4 种情况。

WordNet 存在一个缺点：在 WordNet 中，部分-整体关系和向后预设都被称为蕴含。CCD 将蕴含分为 4 种情况。

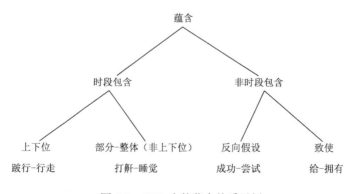

图 6-8　CCD 中的蕴含关系示例

5）因果关系

因果关系选择两个动词概念，一个可以称为"原因"（如给），另一个可以称为"结果"（如拥有）。与其他蕴含关系类似，因果关系是单向的。在因果关系中有一个非常特殊的情况：如果 x 导致 y，则 x 蕴含 y（例如，驱逐和离开，馈赠和拥有）。

6）语句结构

语句结构描述动词的参数。例如，概念{吃、啃、叨、……}的语句结构是<生物体，生物体>，这个结构分别描述施事者和受事者的语义角色。{吃、啃、叨、……}的价态是 2。替代原则允许我们识别参数的语义分类（表 6-5）。

表 6-5　CCD 中的语义角色

施事	经事
当事	向事
感事	范围
领事	缘由
受事	意图
致事	时间
结果	空间
内容	方式
属事	工具
分事	材料
类事	数量
涉事	历时
源事	频次

CCD 中的形容词。描述性形容词用来描述名词的一些属性，如"大、小、

高、低、重"等。中文形容词与相对应的英文形容词有很大不同；例如，"音乐"是一个名词，但它在"音乐器材"这个句子中作为形容词出现。在 WordNet 中，关系形容词仅出现在属性位置，语义上类似于名词（例如，乐器和爱好音乐的孩子）。前者是描述性的，而后者是关系性的。但是，中文中没有关系形容词。

CCD 将中文形容词分为普通形容词和特殊形容词，如表 6-6 所示。

表 6-6　CCD 中形容词的分类

普通形容词通过"很"修饰	特殊形容词无法通过"很"修饰		
大	作为副词修饰词	不作为副词修饰词	
小	高速	作为属性	不作为属性
高	大规模	男	红彤彤
低	小范围	女	绿油油
重			

这种分类代表了中文形容词的主要特征：普通的形容词是标量的（即英语中的对应形容词具有比较级），而特殊形容词正好相反。特殊形容词可以通过特征结构或其他离散方法来描述。WordNet 不以这种方式对英语形容词进行分类，因此，CCD 更加强调语法-语义差异。

1）同义关系

形容词的同义词集是一组形容词。可以在所有上下文中替代的形容词被认为具有形容词同义关系。例如，因为"干燥、干枯、干爽"是"干"的相似形容词，则{干，干燥，干枯，干爽}形成形容词同义词集。

2）相似性

如果一组形容词概念，$c_1, c_2, \cdots, c_n$ 相似于形容词概念 c，则它们形成地球卫星状结构（图 6-9）。c 被称为中心概念，$c_1, c_2, \cdots, c_n$ 是卫星概念。在同义词集中只有一个中心形容词，其周围是其他与之相似的形容词（例如，干和干燥）。中心概念和卫星概念之间的关系是直接相似（例如，干和干燥），而非中心概念之间的关系是间接相似（例如，干燥和干爽）。

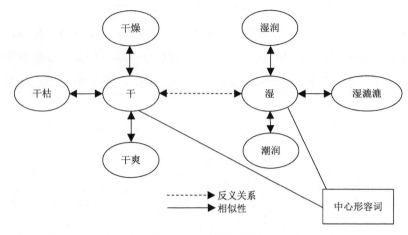

图 6-9　CCD 中的形容词

3）反义关系

形容词之间的基本关系是直接对立的，如上面所示的"干"和"湿"。非中心概念之间的反义关系被称为间接反义词（例如，"干爽"和"湿漉漉"）。

CCD 中的副词。英语中的副词通常来源于形容词。WordNet 中有指针将副词及其对应的形容词连接起来，副词就是从其对应的形容词继承同义词和反义词。然而，这种联系在中文中并不存在。因此，在 CCD 中不使用这样的指针。CCD 包含两种关系，如下：

（1）同义关系：如果两个副词可以在所有上下文中相互替换，则它们是同义的。例如，"突然"和"忽然"。

（2）反义关系：如果两个副词的替换改变语境的意义或逻辑真值，那么这两个副词是反义的。副词的反义关系在中文中很罕见。

CCD 的版本。CCD 版本 1.0 包含同义词集及约 66 000 个名词概念间的关系，12 000 个动词概念及 21 000 个形容词和副词概念间的关系。注释的概念可以与英语 WordNet1.6 版本中的约 100 000 个概念对齐。它在全球词汇的构建中起着重要作用。

6.5　小　结

本章概述了中文三大自然语言处理的语义资源，即 CILIN、HowNet 和

CCD。这些资源对于自然语言处理应用很有价值，这些应用包括如基于概念的信息检索、信息提取、文档分类、词义消歧和机器翻译。此外，附录 A 中概述了其他类似的资源，包括印刷字典、电子词典、语料库、改写本等。其中一些资源可从互联网公开获得。

第7章 中文搭配

搭配是两个或者多个词以一些方便描述事物的方式习惯性地组合在一起的语言现象。比如，在中文里面，通常说"历史包袱"而不是"历史行李"，尽管"包袱"和"行李"是同义词。然而，没有人能够解释为什么"历史"必须和"包袱"搭配。所以，搭配是一种紧密结合而且频繁使用的词组合。搭配的词往往有句法和语义方面的联系，但是它们不能用一般的句法和语义规则解释。它们主要反映了传统自然语言的本质。搭配中，一个词可以带有不同的含义，在给定上下文的情况下，对于表达出最合适的意义起着不可或缺的作用。因此，搭配知识在很多自然语言处理任务中被广泛使用，比如：词义消歧（Church，1988；Sinclair，1991）、机器翻译（Gitsaki et al.，2000）、信息检索（Mitra et al.，1997）、自然语言生成（Smadja，1993）等。

7.1 搭配的概念

7.1.1 定义

搭配是自然语言中很普遍的表达方式。虽然它们很容易被大部分读者理解，但是对搭配的精确定义还是难以把握（Manning and Schütze，1999）。有多种基于搭配的不同特征给出的定义。

Firth（1957）最早引入搭配和搭配强度两个术语。Firth并没有真正给出搭配的明确定义，他通过实例阐述概念。Firth强调词伙伴的概念，认为自然语言中的词不是单独使用的，而是总是被其他词伴随着。搭配不仅是词的毗邻，而且是相互有着共同期望的组合。所以，搭配里面的词有着固有的位置，它们是相互期待和包含的。Firth的搭配概念强调的共现和词义的联系。

Halliday（1976）基于词框架下给出关于搭配的定义是，搭配是在一定范围内或至少有一个分界点的有效距离内的一种线性共现的组合关系。在 Halliday 的定义下，线性共现是搭配的基础，实际上也是唯一的搭配识别标准。这种定义没有把句法依赖和关系考虑进去。

Sinclair（1991）的书中采用了 Halliday 提出的关于搭配的定义。Sinclair 指出词是成对或成组被使用的，"大量半结构化短语组成的单一词汇"可以为语言的使用者所用。Sinclair 把所有频繁共现的词看作一个词的搭配，即使这些词没有直接的句法和语义联系。Halliday 和 Sinclair 都认为搭配词（词汇）互相预测、和互相吸引。

一些语言学家认为搭配的研究不应该只基于 Halliday 提出的词项导向的方法，而应该采用综合方法。Greenbaum（1974）提出把局部语法结构和句式整合到搭配研究中去。通过研究动词及其强势词之间的搭配，Greenbaum 提出的综合方法指出，挑出一个被清晰限定的句法结构的搭配行为，可以达到最好的搭配识别效果。Mitchell（1975）还提出把语法归纳、词义、语法功能整合到搭配研究中。*The Oxford Dictionary of Current Idiomatic English*（Cowie and Mackin，1975）就是基于这种综合方法编成的搭配词典。在该词典中，搭配被定义为两个或者多个词汇单元的共现。在给定的句法模式下，这些词汇单元是其中的结构单元（Cowie，1978）。它指定共现词汇单元必须被包含在预定义的句法模式中。

Kjellmer（1984）将搭配定义为由词法和语法限制的词序列，只有具备共现的意义和良好的语法定义的共现词才能被当作搭配。

Benson（1985）将搭配定义为反复出现的、固定的、可识别的、非成语的短语。Benson 把搭配分类成语法搭配和词汇搭配。语法搭配是指由一个主导词加一个任意词组成短语。典型的语法搭配包括动词＋介词（abide by，account for）、名词＋介词（access to）和形容词＋介词（absent from）。词汇搭配由名词、形容词、动词、副词组成，不包括介词、不定式或从句。Benson 等（1986）负责指导 *BBI Combinatory Dictionary of English* 一书的编辑。在 Benson 的理论体系中，语法约束占主导地位。反复出现的共现词不是搭配的基本特征。后来，Benson（1990）将搭配的概念推广到任意和重复出现的词组。该定义被很多计算语言学家（Smadja，1993；Sun et al.，1997）认可。

此外，搭配的语义约束条件也被研究。Carter（1987）指出，句法和语义的描述在搭配的研究中往往是必不可少的。一些研究人员指出，搭配应该是不可拆分的整体。也有其他的研究人员认为，这样的约束过于严格，是不切实际的（Allerton，1984）。

语料库语言学将搭配定义为一个共现概率比偶然概率更大的词或术语的序列（维基百科）。一些研究者强调搭配使用的习惯性和反复性（Gitsaki，2000）。同样，Manning 和 Schütze（1999）指出"搭配是一种由两个或两个以上的词组成的习惯表达"。很明显，很多语料库语言学的研究人员都致力于推动其关于词汇习惯用法的识别和研究也能够适用于自然语言处理的相关研究。

更多的关于语言学中搭配的讨论可在 *The Definition and Research System of the Word Collocation*（Wei，2002）中找到。

7.1.2　中文搭配

一般来讲，中文搭配的定义和英文搭配的定义相似。然而，它们之间有三点不同。

（1）中文句子是连续的字符串而不是离散的单词。所以，把字符串分词是中文自然语言处理的第一步。由于不同的分词结果，一些如"高/a 质量/n"的搭配会被分成一个词而不是两个。也就是说，中文搭配是基于分词结果的。

（2）中文词汇的使用更灵活，相同的词形可能有不止一种词性。例如，"安全"有三种词性，名词、形容词和副词。不同词性下的搭配有不同的特性，比如："安全/n"搭配"生产/v"，通常出现在"生产/v"的后面；而"安全/ad"通常出现在"生产/v"的前面。所以中文搭配研究应该基于词形和词性，即把名词"安全/n"和副词"安全/ad"当作两个不同的词，并且分开研究它们的搭配。

（3）中文搭配的研究，特别是以自然语言处理为目的的研究，应侧重于实词，比如：名词、动词、形容词、副词、限定词、方向词和名词化的动词（Zhang et al.，1992）之间的搭配。虚词，如介词之间的搭配关系，不是研究的重点。语法上的关联词组，如"吃-着"和"在-路上"，是不作为搭配考虑的。

本章和第 8 章，采用 Xu 等（2006）给出的中文搭配定义。这个定义是以自然语言处理为目的提出的，描述如下：

搭配是重复出现的习惯性表达，包含两个或者多个具有语法和语义联系的实词组合。

换言之，本书关于中文搭配的研究对象是具有词汇约束的中文词组合，侧重于以语义和句法为基础的搭配组合，比如："浓/a 茶/n""热烈/ad 欢迎/v"。仅有语法关联的词组不是研究的对象，比如："吃/v 着/u""在/r 路上/n"。

另外，根据组成搭配的词组数量，可将搭配分为二元搭配（由两个词组成），如"热烈/ad 欢迎/v"和 n 元搭配（由多个词组成），如"祖国/n 统一/n 大业/n"。连续共现的两个或多个搭配词，称为连续搭配；被其他词分开的搭配，称为被间断搭配。

7.2 定 性 性 质

从语言学角度来看，搭配是自由词组和成语的折中（Mckeown et al.，2000）。以下是一些关于中文搭配的定性分析：

（1）搭配是反复共同出现的。Hoey（1991）指出："搭配是特定词组在其上下文中的出现概率大于随机概率的现象。"这意味着搭配出现时有相似的语境，并且总是以某些固定的模式出现。这是搭配不同于随机词组的最重要的属性。

（2）搭配是习惯用法（Smadja，1993）。很多搭配不能由一般的句法或语义规则描述。例如，我们只能说"浓/a 茶/n"，但不说"烈/a 茶/n"。现实使用的选择完全是习惯性的。没有语法或语义可以解释特定的词选择。

（3）搭配的组成有一定的限制（Manning and Schütze，1999；Xu et al.，2006）。Brundage 等（1992）提出"复合构词法（compositional）"一词，它指一种表达的含义可以由构成该表达的组成部分的含义推测得到。而自由词组可以由语言规则生成，其含义就是字面意思。但是，成语是非复合的，这意味着其含义不同于字面意思。例如，成语"缘木求鱼"的字面意思是"爬到树上去抓鱼"；然而，这个成语的真正含义是"比喻方向或办法不对，不可能达到目的"。搭配是自由词组和成语的折中，由固定的词汇复合而成。换句话说，除了字面意思，搭配还有其他含义。另外，一些词组在其字面意义上没什么其他含义，但如果该词组的组成成分间有紧密的语义约束，也是一种搭配。

（4）搭配中的词只能在有限的范围内替换和修改。这里的有限替换是指搭配中的一个词不能被同一语境中的其他词随意替换，即使是原词的同义词也不行。例如，在中文中，"包袱/n"和"行李/n"有非常相似的含义。但当它们搭配"历史/n"的时候，我们只能说"历史/n 包袱/n"，而不能说"历史/n 行李/n"。另一方面，搭配中不能随意添加修饰语或通过语法随意转换。例如，"斗志/n 昂扬/a"这一搭配不允许进一步的修改或者在两个词之间插入其他词。

（5）大部分搭配具有完整的语法。除成语外，大部分二元搭配包含直接的句法关系或依赖。所以说，搭配总是包含句法和语义关系。此外，很多搭配有固定的线性顺序。例如，在中文的动-宾搭配中，动词总在宾语前面。"弹/v 钢琴/n"和"踢/v 足球/n"是正确的搭配，而"钢琴/n 弹/v"和"足球/n 踢/v"是错误的。

（6）搭配与领域相关。一个领域常用的搭配可能很少用在另一个领域，尤其是术语。例如，"专家/n 系统/n"经常用在计算机科学领域，但日常用语中它很少出现。有些搭配多用于口语，而有些则多用于正式文本。这意味搭配与领域相关。

（7）搭配与语言相关。一种语言中的搭配翻译为另一种语言时，就不再是搭配（例如，中文搭配"开/v 枪/n"被翻译为单个英文单词"fire"）。而且，由于不同语言的习惯用法，不同于"play ball"译成"打/v 球/n"和"play piano"译成"弹/v 钢琴/n"，很多搭配不能简单地按照词一一翻译。

7.3 定 量 特 征

在定性性质的基础上，再定义几个可计算的定量特征，以衡量词之间的关联强度。实际上，这是前文中 Firth（1957）提出的搭配强度概念的一个实现方法。

（1）对于搭配反复出现的性质，可以用共现频率估计候选搭配的共现度。通常来说，真正的搭配具有较高的共现度。其他关于共现度的统计标准和抽取策略，还包括绝对和相对共现频率（Choueka et al.，1983；Choueka，1988）、点互信息（Church and Hanks，1990；Sun et al.，1997）、Z 值均值和方差（Rogghe，1973；Smadja，1993）、t-检验（Yu et al.，2003b）、χ^2-检验（Manning and Schütze，

1999），似然比检验（Dunning，1993；Zhou et al.，2001；Lu et al.，2004）。详见 8.2.1。

（2）搭配是符合自然习惯的。一方面，词的组合使用，会表现明显的共现性。另一方面，搭配的语境通常表现出一致性。这意味着，搭配的语境信息有助于搭配强度的估计。因此，上下文的熵及互信息可用于估计搭配强度（Zhai，1997）。详见 8.2.3。

（3）搭配的组成有一定的限制。由于词组的语意合成性难以通过计算机直接估计，其计算特征也相对较少。评价搭配语意合成性的一个评价方法是翻译测试（Manning and Schütze，1999）。在翻译测试中，如果词组的翻译结果不是其中词项逐个翻译的组合，则该词组是一个搭配。

（4）搭配的可替换性和可修改性是有限的。同义词替换率是估量二元词组中可替换性的一种有效特征。对于二元词组，每个词都有其对应的同义词集。如果二元词组中的一个词和与另一个词的同义词的共现度超过一定阈值，则说明第二个词可以被其同义词替代。同义词替换率较小，表明该搭配的成分可替换性较小。至于词组可修改性的度量，要用到两组特征。第一组特征是两个词共同出现在不同的位置的分布性。例如，伸展性（Smadja，1993；Sun et al.，1997）、双向伸展性（Xu et al.，2006），有些特征还可以判定两个词是定点分布还是均匀分布。一般来说，一个强搭配不会是均匀分布。第二组特征是共现峰值的数量（Smadja，1993）。对于二元词组，如果一个位置的共现频率明显高于平均值，则说明该词组是有共现峰值的。如果一个二元词组的共现频率是单峰的，表明该搭配是不可修改的；而双峰或多峰分布，表明该搭配是可以修改的。

（5）大部分搭配合乎语法规则。也就是说，句法分析和分块方法可以应用于词组的格式正确性测试。有直接语法关联、依赖关系或者相同分块的词组很有可能是搭配（Lin，1997；Zhou et al.，2001；Wu and Zhou，2003；Lu et al.，2004）。详见 8.3。

（6）领域信息和文档分布是搭配的领域相关性特征。如果一个搭配在某些领域或文档中频繁出现，说明它是一个与该领域相关的搭配。在领域性搭配抽取任务中，通过信息检索技术，可以得到一个词在不同文件下的分布特征，而这些可计算特征是十分有效的。Pecina（2005）对这些特征进行了研究。

7.4　搭配的分类

搭配的覆盖范围很广，既包含成语也包含自由词组。一些搭配非常固定，一些搭配相对灵活，而还有一些搭配采用二者的折中方式。这是不同的文献中关于搭配的不同定义的原因之一。

Firth（1957）提出把搭配分成一般搭配、普通搭配、受限搭配和人称搭配。然而，他并没有给出一个严格的定义和清晰的分类机制。

Wei（2002）把搭配的使用范畴、反复出现频率和词义作为标准，将其分类为普通（一般）搭配、比喻搭配、专业搭配和约定俗成搭配。

在语言学特性和典型搭配的共现统计基础上，搭配内部的关联性可以通过其语意合成性、可替换性、可修改性、语序可变性和统计特性度量。Xu 等（2006）提出以内部关联的相似性将搭配分类为以下 4 种类型。值得一提的是，由于搭配是与语言相关的，下面一些中文搭配的例子并不对应英语中的正确搭配。

1）类型 0：成语搭配

0 型搭配是完全非复合性的，其含义不同于字面意思，如缘木求鱼（字面意思是"爬到树上抓鱼"，其实是"比喻方向或办法不对，不可能达到目的"）。大部分的 0 型搭配在字典中被列为成语。一些术语也是 0 型搭配，例如，术语"蓝/a 牙/n"（一种无线通信协议），根本没有包含"蓝色"或"牙齿"的含义。0 型搭配具有固定的形式，其组成部分是不可替换和不可修改的（不能移动、添加或改变），也不允许句法变换和内部词汇演化。这种类型的搭配有很强的内部关联，此时共现频率的作用无关紧要。

2）类型 1：固定搭配

1 型搭配的复合性十分受限，具有不可替换的和不可修改的固定形式。例如，"外交/n 豁免权/n"的含义和其字面意思并非完全不同，但有一个额外的含义。因此，这种搭配的构成只能在有限范围内复合。而且，其中任何一个词都不可替换，词序也不可修改，否则原搭配将失去本来的含义。数据统计上，

1 型搭配通常都有很强的共现性。

3）类型 2：强搭配

2 型搭配的复合性受限，只能在有限范围内替换。换言之，这种搭配的组成部分只能被对应的几个同义词替代，使得新词组具有相近的含义。此外，2 型搭配中允许插入有限的修饰语，但是词序必须保持不变。数据统计上，2 型搭配也具有较强的共现性。例如，在"裁减/V 员额/n"中，每个词都不能用同义词替代，语序也不能改变。但是，可以在这个搭配中插入修饰语，构成一个新的 n 元搭配，如"裁减/v 军队/n 员额/n"或"裁减/v 政府/n 员额/n"，这种新的 n 元搭配也属于 2 型搭配。

4）类型 3：弱搭配

3 型搭配的复合限制比较宽松，几乎遵循复合构词法。这种搭配的组成部分能被一些对应的同义词替代，使得新词组具有相同的含义。换句话说，虽然 3 型搭配中可替换的选择更多，但也并不是完全自由的。3 型搭配也是可修改的，允许插入修饰语和改变词序。由于内部关联较弱，3 型搭配的共现性需要统计数据的支持。以下是一些实例，"合法/v 收入/n"，"正当/v 收入/n"和"合法/v 收益/n"。

表 7-1 从复合性、可替换性、可修改性、统计意义和内部关联 5 个方面总结了各类型搭配的差异。

表 7-1　不同类型搭配的比较

	类型 0	类型 1	类型 2	类型 3
复合性	无	十分受限	受限	几乎有
可替换性	无	无	十分受限	受限
可修改性	无	无	十分受限	几乎有
统计意义	不需要	不需要	需要	十分需要
内部关联	很强	很强	强	弱

现有的词典学研究中，讨论的大部分是 0 型和 2 型搭配（Benson et al.，1990；Brundage et al.，1992），侧重于复合层面。相比之下，大多数现有的语料库语言学研究认为搭配的定义可以扩展，词组的共现性统计和有限可修改性

也是判断其能否作为搭配的依据之一，能够作为搭配的词组才是研究目标。因此，从 0 型到 3 型搭配及一些语法搭配都是（Smadja，1993；Lü and Zhou，2004）研究的目标。而 Pearce（2001）还进一步考虑了可替换性，认为搭配包含从 0 型到 2 型及部分 3 型搭配。

在搭配抽取任务中，复合性、可替换性、可修改性和内部关联性都可以作为抽取的依据。研究表明，基于不同搭配特征的搭配抽取算法比基于单一特征的算法更有效（Xu et al.，2006）。

7.5　语言学资源

7.5.1　现代汉语实词搭配词典

该词典（Zhang et al.，1992）主要收录中文词汇的搭配。词典中对搭配的定义是，在预定义的句式中两个或多个词汇的共现。这类似于 Cowie（1978）和 Benson（1990）给出的定义。该词典中收录的搭配大多是二元的。

词典中包含大约 8000 个词条，包括单字动词和单字形容词，以及双字名词（主要是抽象名词），双字动词和双字形容词。每个条目中，对应的搭配是从 3000 万字的语料中人工提取的，总共囊括了大约 70 000 个搭配。

词典中的搭配是根据预定义的框架梳理的。这些框架包含三个层次。第一个层次是句法功能，描述词的词性，如主语（记为"主"）、谓语（记为"谓"）、宾语（记为"宾"）、补足语（记为"补"）、定语（记为"定"）、中心词（记为"中"）和状语（记为"状"）。第二个层次是搭配词的词性，包括名词、动词、形容词、副词等，还有共现的词序。第三个层次是语义，根据语义将搭配分类。以"精神/n"为例说明。

框架 1	
层次 1：[主]	表示该词为主语
层次 2：～＋动词	表示该词作为主语时，后面跟的是动词
层次 3：	
类 a：鼓舞　激励	该类搭配词的含义是"使勇敢"，包括"鼓舞"和"激励"
类 b：来源　来自	该类搭配词的含义是"根源"，包括"来源"和"来自"

续表

框架 2	
层次 1：[中]	表示该词为中心词
层次 2：adjective＋～	表示该词作为中心词和形容词搭配时，跟在形容词后面
层次 3：	
类 a：忘我 无私	该类搭配词的含义是"不自私"，包括"忘我"和"无私"

这个词典的问题是没有充分考虑语义的限制，使得很多列举的词组是语法复合词而不是真正的搭配。

7.5.2 现代汉语搭配词典

该词典（Mei，1999）包含大约 6000 个单字和双字词条。每个词条的搭配是根据词义进行区分的，分类如下：

（1）[词]新词，表示该词条及其搭配构成一个新词。

（2）[语]新短语，表示该词条及其搭配构成一个新短语，即搭配。

（3）[成]成语，表示该词条及其搭配构成一个成语。一般来说，这个分类只适用于单字词条。

下面以"通讯"为例说明。

（1）义项 1：利用电讯设备传递消息。

—[词]通讯班

—[语]通讯 设备，通讯 工具

（2）义项 2：报道消息的文章。

—[词]通讯社

—[语]发 通讯，写 通讯

基于词义的搭配分类有很多应用，例如词义消歧。这个词典的问题是，很多搭配的复合限制过于宽松，使得这些词组仅仅是复合词，而不是真正的搭配。而且，其中列举一些的 n 元搭配其实是句子。

7.5.3 中文搭配库

中文搭配库（Xu et al.，2006）包含搭配方面的多种语言学信息，其中有：

①给定中心词的搭配词及对应语料库的共现统计；②中心词 n 元搭配和二元搭配的区分；③二元搭配的句法依赖和搭配类型（见 7.4）。这个搭配库是根据上述章节介绍的定义、性质和分类构建的。

以中心词"安全/an"为例，其 n 元搭配有"生命/n 财产/n 安全/an"。以下是该搭配在一个句子中的标注：

—确保/v [人民/n 群众/n] BNP 的/u [生命/n 财产/n 安全/an] BNP

<ncolloc observing="安全/an" w1="生命/n" w2="财产/n" w3="安全/an" start_wordid="w5">

</ncolloc>

其中<ncolloc>表示该搭配是 n 元搭配，w1, w2, …, wn 分别表示 n 元搭配的词项，而 start_wordid 表示搭配第一个词项的 ID。

因为 n 元搭配是一个整体，所以这里没有给出内部句法结构和语义关系的标注。

3 型二元搭配有"确保/v 安全/n"，以下是该搭配在一个句子中的标注：

—遵循/v [确保/v 安全/an] BVP 的/u 原则/n

<bcolloc observing="安全/an" col="确保/v" head="确保/v" type="3" relation="VO">

<dependency no="1" observing="安全/an" head="确保/v" head_wordid="w2" modifier="安全/an" modifier_wordid="w3" relation="VO">

</dependency>

</bcolloc>

其中<bcolloc>表示该搭配是二元搭配，col 表示搭配词，head 表示搭配的起始，type 表示搭配类型，relation 表示二元搭配的句法依赖关系，<dependency>给出句法依赖的细节，no 表示当前句子中句法依赖的 ID，observing 表示当前中心词，head 表示包含句法依赖词组的起始，head_wordid 表示中心词的 ID，modifier 表示句法依赖的修饰语，而 modifier_wordid 表示修饰语的 ID。

目前，搭配库包含了已标注的 3643 个中心词下的 23 581 个二元搭配和 2752 个 n 元搭配，并且给出了这些搭配在语料库中的共现统计。搭配库中的二元搭配被人工分为三类，其中 0 型/1 型搭配，2 型搭配和 3 型搭配的标注数量分别是 152 个，3982 个和 19 447 个。由于 3 型搭配复合性宽松的限制，其数量远远超过其他两种类型。

搭配库与之前的搭配字典在两个方面存在区别。首先，搭配库依据搭配在语料库中出现的频率组织，而不是以概述的形式列举词条。而搭配的标注，有利于搭配状态及其语境的分析。其次，搭配库根据搭配的内部关联强度将搭配分为 4 类，并可以为每个搭配子集可以提供更具体的参考示例。

7.6 应　　用

Firth（1957）曾经提到，"一个词的含义是由它的上下文决定的"。因此，无论是确定一个多义词在给定上下文中的含义，还是完形填空，都十分依赖于搭配的用法。搭配在自然语言处理的任务中应用也很多，特别是机器翻译、信息检索、自然语言生成（Natural Language Generation，NLG）、词义消歧和语音识别等。例如：

（1）不同的语言有不同的搭配。搭配在不同语言间的对应关系对完成机器翻译任务十分有用（Gitsaki et al.，2000）。例如，英译中时，"strong tea"的期望输出是"浓茶"而不是"烈茶"；"play piano"的"play"应翻译为"弹/v"，而"play football"的"play"应翻译为"踢/v"。

（2）在自然语言生成系统中应用搭配，能使生成结果更"自然"（Manning and Schütze，1999）。例如，可以避免"powerful tea"和"烈/a 茶/n"之类的错误，从而提升 NLG 系统的输出效果。

（3）搭配可以应用于信息检索。相比常用词，在常见搭配（或短语）的基础上计算用户查询和文档之间的相似性，可以提高检索的准确率（Fagan，1989；Mitra et al.，1997）。搭配也可以应用于跨语言的信息检索（Smadja，1993；Zhou et al.，2001）。

（4）搭配可以应用于词义消歧。在目前关于词义消歧的研究中，最普遍的一个假设是"每个搭配只有一种含义"（Yarowsky，1995）。也就是说，一个词的含义是由它所在的搭配决定。例如，"打"是一个动词，与"酱油"搭配时的含义是"买"，与"球"搭配时的含义是"玩"，与"架"搭配时的含义是"战斗"。因此，在词义消歧研究中，搭配有不可或缺的作用。另一个和WSD 相关的应用是计算词典编纂学（Church et al.，1989；Sinclair，1995）。

（5）搭配可以改进语音识别中的语言模型。在语音识别技术中，传统的语言模型是基于词汇之类的基本语言单元。而基于搭配的语言模型，可以更准确地预测单词的发音（Stolcke，1997）。

7.7 小　结

本章介绍了中文搭配的基本概念。由于"搭配"这一术语在现有文献中有不同的定义，甚至有些定义备受争议（Benson，1990；Church and Gale，1991；Manning and Schütze，1999），本章首先回顾了这些关于搭配的定义。之后对搭配进行了定性和定量的分析，并讨论了搭配的分类策略。此外，简要介绍了一些现成的中文搭配资源。最后，重点突出了搭配在实际应用中的优势。

下一章将介绍几种不同的基于上述定量特征的中文搭配自动抽取方法。

第8章 中文搭配自动抽取

8.1 介 绍

在机器翻译、信息检索、自然语言生成、词义消歧及语音识别等诸多的自然语言处理应用中，搭配知识是核心内容。然而，词搭配知识并不能够简单地编撰成搭配字典。传统上，语言学家都是从纸质文本中人工识别并编撰搭配字典。但是在覆盖度和一致性上，手工抽取搭配的方法并不理想（Smadja，1993）。而且，从海量的文本中，人工识别新的词搭配是不切实际的。如今凭借电子文档更高的可阅读性，学术界发表了很多关于搭配自动抽取的研究成果。

本章介绍多种中文搭配自动抽取技术。框架上，中文搭配自动抽取技术和其他语言的非常相似，但同时也会充分利用相关的中文特性。中文词序列经过自动分词和词性标注后，就可以从中抽取搭配。根据判别特征和候选搜索策略，大部分的抽取方法可以分为三种基本类型：基于窗口统计的方法、基于句法结构的方法、基于语义的方法。

本章使用的参考语料库来自几家新闻媒体，包括《人民日报》（1994—1998）、《北京日报》（1996）、《北京青年报》（1994）及《北京晚报》（1994）。其中所有的文本都使用了高效的分词器和词性标注器进行分词和标注（Lu et al.，2004），最终的参考语料库大约包含 97 000 000 个词。

8.2 基于窗口统计的方法

搭配本质上是频繁出现的词组，因此搭配识别中的一个重要特征就是词汇统计信息。围绕中心词，设定上下文窗口，从语料库中抽取中心词及其共现词，这些词组就是候选搭配。基于窗口的方法将高频出现的词组判别为搭配，而且前的相关工作中，通常使用三种统计特征，分别是共现频率特征、共现分布特征及上下文特征。本节接下来的部分将轮流介绍它们。

在本节内容里，中心词观察窗口的大小是[−5，＋5]。选择的三个示例中心词分别是，"资产/n"（名词）、"竞争/v"（动词）、"安全/a"（形容词）。在参考语料库中，这三者的共现词数量分别为 5754、11648 及 8764。由于搭配的语言依赖性，本节中一些示例的中文搭配对应的英文搭配翻译不是很恰当。

8.2.1 共现频率特征

共现频率特征的计算度量方法有很多，本节将讨论几种流行的方法。

绝对词频。Choueka 等（1983）早期关于搭配自动抽取的研究，将共现频率作为判别特征。直觉认知上，如果两个词经常一起出现，那么它们就是搭配。表 8-1 中，按照绝对词频排序，列出了三个示例中心词的前 10 个共现词，其中黑体加粗的共现词是正确搭配。

表 8-1　搭配抽取：绝对词频（f）

中心词 资产/n		中心词 竞争/v		中心词 安全/a	
共现词	f	共现词	f	共现词	f
国有/v	5 818	市场/n	6 144	生产/v	2 049
企业/n	2 134	激烈/a	3 766	国家/n	1 883
管理/v	1 854	是/v	2 252	是/v	1 127
投资/v	1 829	中/v	1 937	保证/v	1 101
固定/v	1 717	国际/n	1 702	问题/n	974
是/v	1 174	企业/n	1 618	保障/v	872
元/q	1 111	不/d	1 614	确保/v	782
评估/v	1 059	中/f	1 480	为/v	772
增值/v	952	参与/v	1 367	生命/n	711
经营/v	951	能力/n	1 356	工作/v	709

这种方法的设计和实现思路非常清晰和简单，但是效果不是很好，无法抽取相对低频的搭配。而且，如果使用固定的绝对词频作为判定阈值，语料库的

大小会影响抽取系统的性能。

相对词频。Shimohata（1999）提出了基于相对词频的 n 元搭配自动抽取方法。第一，从语料库中抽取目标中心词上下文中反复出现的词串。第二，检验每两对词串 i 和 j。第三，按以下规则处理词串 i 和 j：①如果词串 i 和 j 的重叠长度为 r，且两者组合的相对词频大于阈值，则将词串 i 和 j 合并；②如果词串 j 包含词串 i，且词串 j 的相对词频大于阈值，则将词串 i 消除。类似地，相对词频也可以应用于二元搭配的抽取。表 8-2 中，按照相对词频的排序，列出了三个示例中心词的前 10 个共现词。

表 8-2　搭配抽取：相对词频（rf）

中心词　资产/n		中心词　竞争/v		中心词　安全/a	
共现词	rf	共现词	rf	共现词	rf
负债表/n	0.500 092	分散化/vn	0.500 359	斯考克罗夫特/nr	0.500 122
加济祖林/nr	0.500 083	范米尔特/nr	0.500 359	从事性/d	0.500 041
损益/n	0.500 055	同行间/n	0.500 359	过去/n	0.500 041
核资/vd	0.500 055	国内化/v	0.500 359	七贤镇/j	0.500 02
于邢镁的/nr	0.500 028	夺目/vn	0.500 359	丹哈姆/nr	0.500 02
保值率/n	0.500 028	如林/v	0.500 359	佛尔斯/nr	0.500 02
内敛性/n	0.500 028	威廉·巴尔/nr	0.500 359	保证期/n	0.500 02
凝固化/an	0.500 028	攻心战/n	0.500 359	克霍费尔/nr	0.500 02
凝固化/vn	0.500 028	玛氏/nr	0.500 359	分馏器/nr	0.500 02
负债率/n	0.498 901	能源业/n	0.500 359	利文斯通/nr	0.500 02

在这个表中，大部分相对词频高的二元词组不是真正的搭配，这表明相对词频并不是一个很好的特征。但经过进一步观察可知，这个特征可以抽取出一些低频的搭配。例如，"负债表/n"在语料库中总共出现了 20 次，并且都和"资产/n"共现。如果使用绝对词频作为特征，那么这些低频搭配的抽取十分困难。Li 等（2005）提到，相对词频可以有效地抽取低频搭配。

点互信息。Church 和 Hanks（1990）将基于相关性的特征用于搭配抽取，认为如果一个词对的共现频率超过偶然期望值，则将其判别为二元搭配。点互信息的定义来自于信息论（Fano，1961），这里应用于词对相关性的估计。在语料库中，若中心词 w_{head} 和共现词 w_{co} 的出现概率分别为 $P(w_{\text{head}})$ 和 $P(w_{\text{co}})$，并且它们的共现概率为 $P(w_{\text{head}}w_{\text{co}})$，则其互信息 $I(w_{\text{head}}, w_{\text{co}})$ 可定义为

$$I(w_{\text{head}}, w_{\text{co}}) = \log_2 \frac{P(w_{\text{head}}w_{\text{co}})}{P(w_{\text{head}})P(w_{\text{co}})} = \log_2 \frac{P(w_{\text{head}}|w_{\text{co}})}{P(w_{\text{head}})} \qquad (8\text{-}1)$$

其中，如果 $I(w_{\text{head}}, w_{\text{co}}) \gg 0$ 则表明中心词 w_{head} 和共现词 w_{co} 高度相关；如果 $I(w_{\text{head}}, w_{\text{co}}) \approx 0$ 则表明中心词 w_{head} 和共现词 w_{co} 几乎是相互独立的；如果 $I(w_{\text{head}}, w_{\text{co}}) \ll 0$ 则表明中心词 w_{head} 和共现词 w_{co} 高度不相关。很多其他的英文搭配抽取系统都是基于互信息实现的（Hindle，1990）。

中文方面，Sun 等（1997）在现有的搭配抽取系统基础上，利用互信息的特征从而提升了性能。表 8-3 中，列出了三个示例中心词的高互信息共现词。

表 8-3 搭配抽取：互信息（mi）

中心词 资产/n		中心词 竞争/v		中心词 安全/a	
共现词	mi	共现词	mi	共现词	mi
负债表/n	9.100	克里甘/nr	8.683	波音七三七/nz	13.267
加济祖林/nr	9.071	反不/nr	8.683	伯杰/nr	12.267
损益/n	9.071	优质品/n	8.683	周报制/n	12.267
核资/vd	9.071	保优汰劣/l	8.683	核武器库/n	12.267
于邢镁的/nr	9.071	倾轧性/d	8.683	三环桥/ns	12.267
保值率/n	9.071	卡伯特/nr	8.683	优质段/n	12.267
内敛性/n	9.071	同层/d	8.683	保护层/n	12.267
凝固化/an	9.071	巴克斯代尔/nr	8.683	坎普/nr	12.267
凝固化/vn	9.07	暗潮/n	8.683	基轴/n	12.267
创业股/n	9.07	月月红牌/nz	8.683	斯考克罗夫特/nr	12.267

从表 8-3 可以看出，互信息高的共现词中，很少是真正的搭配。但是，对于每个中心词，互信息最低的 300 个共现词中的大部分也不是搭配。这个结果证实了 Manning 和 Schütze（1999）的观点——相关性的度量是基于每个单词的词频，因此互信息是一个很好的独立性度量特征，但不是一个很好的相关性度量特征。

均值和方差：Z 值。上面的几种度量方法都将每个词组独立看待，而 Z

值不同，基于 Z 值的特征可以估计一些相关词组的相关性。假设一个中心词 w_{head} 有 n 个共现词，对应的共现频率是 $f(w_{\text{head}}, w_{\text{co-}i})$ ($i=1, \cdots, n$)。Z 值记为 z_i，表示第 i 个共现词的词频与 n 个共现词的平均词频间的差异性，计算公式如下：

$$z_i = \frac{f(w_{\text{head}}, w_{\text{co-}i}) - \frac{1}{n}\sum_{j=1}^{n} f(w_{\text{head}}, w_{\text{co-}i})}{\sqrt{\frac{1}{n-1}\left[\sum_{i=1}^{n}\left(f(w_{\text{head}}, w_{\text{co-}i}) - \frac{1}{n}\sum_{j=1}^{n} f(w_{\text{head}}, w_{\text{co-}j})\right)\right]^2}} \qquad (8\text{-}2)$$

一个词组的 Z 值越大，则该词组的统计特征越显著。

Rogghe（1973）将 Z 值应用于英文搭配抽取。Smadja（1993）也将该方法应用于名为"strength"的 Xtract 系统。对于给定的三个示例中心词，各自 Z 值最高的前 10 个共现词和表 8-1 中的共现词一样。由于 Z 值可以度量相关词间的共现性，而且不受语料库规模的影响，其作为搭配抽取系统的阈值是比较优越的。因此，很多中文搭配抽取系统使用 Z 值作为共现频率的度量（Sun et al., 1997；Lu et al., 2003；Xu and Lu, 2006）。与互信息相比，使用 Z 值的抽取系统具有更好的性能。但是，Z 值不能有效抽取低频的搭配。

假设检验。假设检验是一种数学统计方法，计算给定假设为真的概率。首先给出一个零假设——不形成搭配的两个词（即每个词完全独立于另一个），它们一起出现的概率就是各自出现概率的乘积。而假设检验就用于检验上述零假设是真还是假。如果为假，表明两个词共现不是偶然，即该词组为搭配（Yu et al., 2003b）。以往的研究中，提出了几种假设检验方法，例如，t-检验、χ^2-检验和似然比。

1）t-检验

假设两个词 w_{head} 和 w_{co} 是独立的，使得

$$\text{H0}: P(w_{\text{head}}, w_{\text{co}}) = P(w_{\text{head}})P(w_{\text{co}}) \qquad (8\text{-}3)$$

t-检验的计算如下：

$$t = \frac{\overline{x} - \mu}{\sqrt{\sigma^2/N}} \approx \frac{P(w_{\text{head}} w_{\text{co}}) - P(w_{\text{head}})P(w_{\text{co}})}{\sqrt{P(w_{\text{head}} w_{\text{co}})/N}} \qquad (8\text{-}4)$$

其中，N 是语料库中总词数。如果 t 统计值足够大，则可以拒绝原假设，表明该词组是一个搭配。

Manning 和 Schütze（1999）给出了基于 t-检验的搭配抽取的例子。此外，Pearce（2002）指出，t-检验在英文搭配抽取中十分有效。而 Yu 等（2003b）则将 t-检验应用于中文搭配抽取。但应该注意到，使用 t-检验作为假设检验方法具有局限性，因为 t-检验假定词的出现概率近似于正态分布，这不符合自然语言的真实情况（Church and Gale，1991）。

2）卡方检验（χ^2-检验）

χ^2-检验不要求概率服从正态分布。对于一个候选二元词组：w_{head} 和 w_{co}，下表列举了它们出现的依赖关系：

$a = f(w_{\text{head}}, w_{\text{co}})$	$b = f(w_{\text{co}}, \overline{w_{\text{co}}})$	$f(w_{\text{head}}, *)$
$c = f(\overline{w_{\text{head}}}, w_{\text{co}})$	$d = f(\overline{w_{\text{head}}}, \overline{w_{\text{co}}})$	$f(\overline{w_{\text{head}}}, *)$
$f(*, w_{\text{co}})$	$f(*, \overline{w_{\text{co}}})$	$N = \text{Total number of words in corpus}$

对于总词数为 N 的语料库，词对 $w_{\text{head}} w_{\text{co}}$ 的 χ^2 计算公式为

$$\chi^2 = \frac{N(ad - bc)^2}{(a+d)(a+b)(c+d)(b+d)} \tag{8-5}$$

如果观察频率和期望频率之间的差异较大，则确定 w_{head} 和 w_{co} 组成搭配。Church 和 Gale（1991）、Kilgarriff（1998）、Manning 和 Schütze（1999）和 Yu 等（2003b）将 χ^2-检验分别应用于英文和中文搭配抽取。

χ^2-检验有两个显著的优点。第一，它不需要假设候选搭配的共现满足正态分布。第二，它适用于大概率的情况，而此时 t-检验的正态假设并不成立（Manning and Schütze，1999）。然而，Snedecor 等（1989）指出，如果样本总量和期望值很小，χ^2-检验将变得不准确。

3）似然比

似然比是另一个被广泛应用的假设检验方法。Blaheta 和 Johnson（2001）提出了一种简化的似然比检验算法。对于 w_{head} 和 w_{co}，其对数似然比计算为

$$\lambda = \log\frac{a/b}{c/d} = \log\frac{ad}{cb} = \log d - \log b - \log c + \log a \qquad (8\text{-}6)$$

根据对数似然比的大小对候选词组进行排序，满足阈值要求的词组将作为搭配抽取。

似然比还具有以下优点：当数据不满足正态分布，特别是当词频较低时，其效果良好。因此，很多现有的英文（Pearce，2002）和中文（Zhou et al.，2001；Lü and Zhou，2004）搭配抽取系统都使用似然比做统计测试。

Yu 等（2003b）进行了基于统计的中文搭配抽取实验。其实验结果表明，χ^2-检验和对数似然比（Log Likelihood Ratio，LLR）的准确率通常优于 t-检验。表 8-4 中，对应三个示例中心词，分别列出了 t-检验、χ^2-检验和对数似然比最大的前 10 个词。

词组共现频率的估计还有更多计算度量方法。Pecina（2005）对这些指标做了全面综述。

表 8-4　搭配抽取：假设检验

中心词　资产/n			中心词　竞争/v			中心词　安全/a		
T-检验	χ^2-检验	对数似然比	T-检验	χ^2-检验	对数似然比	T-检验	χ^2-检验	对数似然比
国有/v	国有/v	固定/v	市场/n	激烈/a	市场/n	生产/v	保/v	生产/v
企业/n	固定/v	投资/v	激烈/a	公平/a	激烈/a	国家/n	财产/n	国家/n
管理/v	存量/n	管理/v	中/v	正当/v	公平/a	保证/v	保卫/v	保证/v
投资/v	无形/b	评估/v	是/v	市场/n	参与/v	问题/n	矿山/n	保障/v
固定/v	增值/v	增值/v	国际/n	中/v	中/v	保障/v	保障/v	确保/v
评估/v	评估/v	存量/n	企业/n	平等/a	国际/n	确保/v	人身/n	财产/n
元/q	保值/v	无形/b	不/d	能力/n	能力/n	是/v	危及/v	生命/n
增值/v	盘活/v	流失/v	中/f	日趋/d	正当/v	生命/n	保证/v	问题/n
经营/v	重组/v	经营/v	参与/v	对手/n	企业/n	工作/v	生产/v	交通/n
是/v	流失/v	国有/v	能力/n	引入/v	是/v	财产/n	行车/n	维护/v

8.2.2　共现分布特征

另一种类型的判别特征是基于共现分布的词汇统计。表 8-5 中，列出了"安全/a"的 7 个共现词的实际共现分布，位置从−5 到＋5。

表 8-5　共现分布

		−5	−4	−3	−2	−1	+1	+2	+3	+4	+5
安全/a	度汛/v	0	0	0	0	1	63	0	0	1	0
安全/a	绝对/d	2	1	1	2	56	1	1	0	1	0
安全/a	发挥/v	4	1	2	2	1	8	18	11	12	6
安全/a	具有/v	1	2	10	5	19	11	5	6	2	4
安全/a	特别/d	14	14	12	4	4	5	4	2	1	1
安全/a	作/v	3	2	3	8	0	4	10	15	15	5
安全/a	大/d	2	1	0	1	0	26	20	6	4	5

可以看到，前两个真正搭配的共现分布有明显的峰值。对于非搭配词组，它们通常是均匀分布的。这表明搭配词的分布直方图通常具有峰值。因此，已经有人提出基于共现分布估计的方法抽取搭配。

Smadja（1993）引入了 Spread 这一概念，它是指一个候选搭配在其 10 个共现位置上的 Z 值，可以用来估计不同位置上的共现分布。对于中心词 w_{head} 和共现词 w_{co}，$\text{Spread}(w_{\text{head}}, w_{\text{co}})$ 定义为

$$\text{Spread}(w_{\text{head}}, w_{\text{co}}) = \frac{1}{10} \sum_{j=-5}^{5} \left[f(w_{\text{head}}, w_{\text{co}}, j) - \overline{f(w_{\text{head}}, w_{\text{co}})} \right]^2 \qquad (8\text{-}7)$$

其中，$f(w_{\text{head}}, w_{\text{co}}, j)$ 是中心词和共现词在位置 j（j 从 −5 到 +5）上的共现频率，$f(w_{\text{head}}, w_{\text{co}})$ 是中心词和共现词在 10 个位置上的平均共现频率。$\text{Spread}(w_{\text{head}}, w_{\text{co-}i})$ 的取值范围从 0 到 1，且 $\text{Spread}(w_{\text{head}}, w_{\text{co-}i})$ 值越大，表明 w_{head} 和 $w_{\text{co-}i}$ 越趋于在有限的位置上共现，它们组成搭配的可能性越大。Sun 等（1997）的实验表明 Spread 也适用于中文搭配抽取。Xu 和 Lu（2006）对 Spread 进行了改进，在中文搭配抽取中取得了良好的效果。

表 8-6 中，对应三个示例中心词，分别列出了 Spread 值最大的共现词。

表 8-6　搭配抽取：共现分布（spread）

中心词　资产/N	中心词　竞争/V	中心词　安全/A
国有/v	市场/n	生产/v
固定/v	中/f	国家/n
投资/v	能力/n	交通/n

续表

中心词　资产/N	中心词　竞争/V	中心词　安全/A
管理/v	激烈/a	问题/n
无形/b	公平/a	财产/n
评估/v	正当/v	欧洲/ns
企业/n	不/d	生命/n
存量/n	国际/n	和平/n
流失/v	机制/n	工作/v
增值/v	参与/v	管理/v

　　共现分布是一个有效的判别特征。由于固定搭配共现的位置一般较少，共现分布的判别效果尤其显著。同时，通过进一步实验表明，在中文里，与动词搭配相比，这个特征可以更有效地发现名词搭配。

　　7.3 节曾提及，共现峰值是另一种搭配抽取特征。一个词对的共现分布越趋于单峰，该词对是搭配的可能性越大。中文里的三个助词，即"的/u 地/u 得/u"，经常在形容词-名词、副词-动词和动词-副词搭配的中间插入。因此，很多中文搭配具有双峰分布，这与英语不同。

　　另一种基于共现分布的特征，结合了词性的共现特征。在一组典型的中文搭配上，Xu 等（2006）发现具有特定词性组合的词组，其共现分布也相似，而不同词性组合的词组，其共现分布也不同。图 8-1、8-2 分别是动词-名词搭配和动词-动词搭配的分布图，它们的共现分布差异较大。

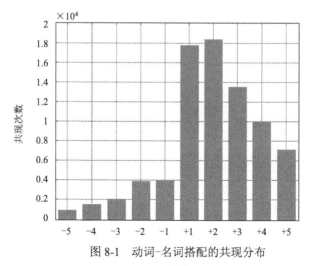

图 8-1　动词-名词搭配的共现分布

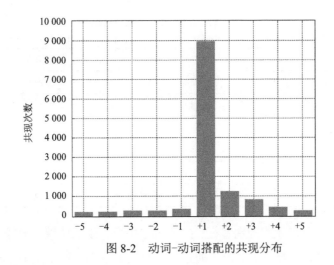

图 8-2　动词–动词搭配的共现分布

Xu 等（2006）使用词性相关分布作为新的判别特征，即通过计算候选搭配分布和统计期望分布之间的相似性，进行搭配抽取。对于二元搭配 $w_{\text{head}} w_{\text{co}}$，使用归一化向量 V_{bi} 刻画 $w_{\text{head}} w_{\text{co}}$ 的共现分布。假设 w_{head} 和 w_{co} 的词性分别为 p_{head} 和 p_{co}，归一化向量 V_{pos} 表示期望分布，即所有词性为 p_{head} 和 p_{co} 的真正搭配的共现分布。V_{bi} 和 V_{pos} 的乘积可以表示候选搭配分布和期望分布之间的相似性，乘积越大表明该候选二元搭配的分布越接近于期望分布，也就是说，它越有可能是真正的搭配。

8.2.3　基于上下文的特征

搭配是一个句法和语义单元。对于连续搭配，其上下文通常具有很高的同质性。这表明，对于语料库中的每个二元搭配，它的实验上下文信息（特定上下文窗口中单词的出现频率）和左右邻接上下文信息（二元搭配前后相邻单词的出现频率）可以作为搭配判别特征。从信息论角度来看，假设一个词序列在噪声环境中作为信息单元出现，则其邻接上下文的熵可用于筛选候选搭配（Shimohata et al.，1997）。一般来说，有意义的非复合词组的语境和该词组组成部分的语境有所不同。在这个假设下，词序列的实验语境和组成部分的熵，也可以作为筛选特征（Zhai，1997）。表 8-7 中，列出了一些基于上下文的熵的典型特征。其中，C_w 是表示 w 的实验上下文，$C_{w_{\text{head}}, w_{\text{co}}}$ 表示 $w_{\text{head}} w_{\text{co}}$ 的实验上下文，而 $C^{\text{l}}_{w_{\text{head}}, w_{\text{co}}}$ 和 $C^{\text{r}}_{w_{\text{head}}, w_{\text{co}}}$ 分别表示 $w_{\text{head}} w_{\text{co}}$ 的左右邻接上下文。

表 8-7　基于上下文熵的特征

名称	计算公式
上下文熵	$-\sum_w P(w\big|C_{w_{head},w_{co}})\log\big|P(w\big|C_{w_{head},w_{co}})$
左上下文熵	$-\sum_w P(w\big|C^l_{w_{head},w_{co}})\log P(w\big|C^l_{w_{head},w_{co}})$
右上下文熵	$-\sum_w P(w\big|C^r_{w_{head},w_{co}})\log P(w\big|C^r_{w_{head},w_{co}})$
左上下文增益	$P(w_{head}*)\log P(w_{head}*)$ $-\sum_w P(w\big|C^l_{w_{head},w_{co}})\log P(w\big|C^l_{w_{head},w_{co}})$
右上下文增益	$P(*w_{co})\log P(*w_{co})$ $-\sum_w P(w\big|C^r_{w_{head},w_{co}})\log P(w\big|C^r_{w_{head},w_{co}})$

一般而言，只有基于邻接上下文的熵，左上下文熵及右上下文熵可用于大型语料库的搭配抽取。但是，随着上下文的增长，词汇的组合会急剧增加，从而导致参数空间过大。因此，这些特征很少应用在基于语料库的搭配抽取中。

另一组基于上下文的特征是共现频率，它也来自于信息论。典型特征有交叉熵，其定义为

$$-\sum_w P(w\big|C_{w_{head}})\log P(w\big|C_{w_{co}}) \tag{8-8}$$

及欧几里得范数，其定义为

$$\sqrt{\sum_w \Big[P(w\big|C_{w_{head}})-P(w\big|C_{w_{co}})\Big]^2} \tag{8-9}$$

Pecina（2005）的实验表明，该组特征在搭配抽取中准确率很低。

最后一组基于上下文的特征来自信息检索领域。其中典型的特征是词频/逆文档频率（Term Frequency/Inverse Document Frequency，TF/IDF），它考虑了搭配在不同文档的出现频率不同这一因素。这组特征主要用来识别某一种类型的特殊搭配（如术语短语），但不适用于语料库中一般搭配的抽取。

一般来说，基于上下文的特征用于识别连续搭配。然而，这些特征在中文搭配抽取中的性能还没有得到充分的验证。

8.2.4　窗口大小

窗口大小是基于窗口的搭配抽取中的重要参数。大窗口效果明显而且可以

提升召回率，但更多的候选项可能会影响精确率。英文搭配抽取的实验表明，对于英语中的普通文本和学术文本，大小为[-4，+4]或[-5，+5]的窗口比较合适（Smadja，1993）。

而中文搭配抽取的实验表明，[-5，+5]也是合适的窗口大小（Sun et al.，1997；Lu et al.，2003）。此外，Sun（1998）在一个大型语料库中研究三种搭配（名词、动词及形容词）的分布特性。统计结果显示，对于中文的名词搭配、动词搭配和形容词搭配，最有效的抽取窗口大小分别为[-2，+1]，[-3，+4]和[-1，+2]。但由于样本空间非常小，其中的最佳窗口大小没有说服力。对于基于窗口的中文搭配抽取方法，为了确定窗口的最佳大小，对真正搭配的共现进行大规模统计分析是十分必要的。

8.3 基于句法结构的方法

随着句法分析效率和准确率的提升，在搭配抽取中可以使用基于句法和依存关系的特征。此类方法的出发点是搭配在句法上必定包含依存关系。因此，句法知识能够提升候选搭配的筛选并过滤一些伪词组。基于句法结构的方法的基本策略是，将候选搭配的搜索空间限制为与预定义模式匹配或具有预定义句法依存关系的词组，然后将其中具有统计意义的候选判别为搭配。接下来介绍该方法中的代表性工作。

8.3.1 基于词性模式的过滤器

Justeson 和 Katz（1995）使用一组连续的词性标注模板来构建过滤器，在候选搭配中过滤掉一些伪搭配，从而提升了 Choueka 的搭配抽取系统在《纽约时报》语料库上的性能。Choueka 系统输出的候选结果中，只有与词性模式匹配的词组可以通过过滤器，从而可以消除一些伪搭配。表 8-8 中，列出了 Justeson 和 Katz（1995）提出的词性模板，每个模板都有对应的示例，其中 A 表示形容词，P 表示介词，N 表示名词。

Justeson 和 Katz 提出的方法简单有效，搭配抽取性能的提升表明句法信息是有用的特征。这种方法也适用于中文搭配抽取。表 8-8 中，也列出了相应的中文搭配示例。虽然这个特征适用于 n 元搭配抽取，但在中文的二元搭配抽取中并不是十分有效。

表 8-8 搭配过滤的词性标注模式

词性模式	英文例子	中文例子
AN	linear function	聪明/a 想法/n
NN	regression coefficients	国家/n 政策/n
AAN	gaussian random variable	公平/a 公开/a 选拔/n
ANN	cumulative distribution function	优惠/a 贷款/n 利率/n
NAN	mean squared error	祖国/n 美丽/a 河山/n
NNN	class probability function	国家/n 农业/n 政策/n
NPN	degrees of freedom	N/A

8.3.2 基于依存关系三元组的方法

在搭配抽取中，这是另一种在依存关系分析的基础上缩小候选搜索空间的方法，只将具有预定义依存关系的词组判别为候选搭配。Lin（1997）提出了一种基于依存关系分析的英文搭配抽取系统，该系统覆盖的搭配较广并且抽取的精确率良好。这项工作最早使用了句法分析器，并从文本语料库中抽取依存关系三元组，该三元组由头部、依存关系类型和修饰符组成。表 8-9 中，列出了依存关系类型的标识符。

表 8-9 三元依存关系类型

标识符	关系	英文例子	中文例子
N:det:D	名词及其限定词	a dog	匹/d 马/n
N:jnab:A	名词及其形容词修饰语	linear function	美丽/a 河山/n
N:nn:N	名词及其名词修饰词	distribution function	国家/n 政策/n
V:comp1:N	动词及其目标名词	eat food	打击/v 敌人/n
V:subj:N	动词及其主体名词	I have	思想/n 解放/v
V:jvab:A	动词及其副词修饰语	carefully check	沉重/ad 打击/v

该方法首先计算上述三元组的互信息，然后抽取互信息大于阈值的三元组作为搭配。Lin 指出，这种方法可以覆盖更多的搭配，低频搭配也不例外。

Zhou 等（2001）、Wu 和 Zhou（2003）及 Lü 和 Zhou（2004）在中文中使

用了类似的搭配抽取算法。他们使用对数似然比代替互信息作为筛选特征，将候选搜索范围限制为具有句法依存关系的三元组，而不是像基于窗口的方法那样将所有的上下文词组作为候选，从而提升了基于句法的搭配抽取的精确率（Goldman et al.，2001）。这是因为在基于窗口统计的方法中，即使使用长距离窗口，还是丢失了很多不连续的搭配。另外，基于依存关系分析的方法可以抽取更多的低频搭配。

然而，这种方法的性能十分依赖于所采用的依存关系分析器的质量和性能。但即使是当前最先进的依存分析器，如微软公司的NLPWinParser，其应用于大型语料库时的准确率也只有90%左右（Lü and Zhou，2004）。误差分析传送到随后的搭配提取阶段，会影响搭配抽取的精确率和召回率。其次，只有几种典型的依存关系能被识别。从而使这种方法的适用性受到很大限制。再次，不能回溯误报和漏报的依存关系，使得整个系统的性能受到影响。最后，这种方法不适用于 n 元搭配的抽取。

8.3.3　基于组块信息的方法

组块分析技术可以识别句子中的基本短语。由于组块分析技术不需要进行复杂的歧义分析，与依存关系相比，它能够以较低的成本识别一些局部词法结构，并且同时具有较高的准确率。因此，Xu 和 Lu（2005）将组块信息整合到中文搭配抽取的特征中。

真搭配和伪搭配间的组块关系有明显的区别。该方法通过归纳总结真伪搭配对应的组块关系，在训练语料库中抽取真伪搭配各自的句法模式，并分别将其命名为接受搭配模板和拒绝搭配模板（即一种包括词性标注、组块状态和中心词状态的混合标注）。每个词的组块状态包括，组块外（O）、组块起始（B）、组块中（I）、组块终点（E）、组块句法标签[共 11 种，包括基本名词短语（Base Noun Phrase，BNP）、基本动词短语（Base Verb Phrase，BVP）和基本形容词短语（Base Adjective Phrase，BAP）等]及中心词信息（是否为组块的中心词）。

最常见的"形容词-名词"接受搭配模板如下（其中加粗的二元搭配是真搭配）：

（1）接受模板 1：**a-B-BNP-C n-E-BNP-H** {例如，[**坚强/a 后盾/n**] BNP }

（2）接受模板 2：**a-B-BNP-C** u-I-BNP-C **n-E-BNP-H** {例如，[**必要/a** 的/u

措施/n〕BNP}

（3）接受模板 3：**a-O-O-N** n-B-BNP-C **n-E-BNP-H** {例如，**重大/a**〔科研/n 成果/n〕BNP }

最常见的"形容词-名词"拒绝搭配模板如下（其中加粗的二元搭配是伪搭配）：

（1）拒绝模板 1：**a-B-BNP-C** n-E-BNP-H **n-O-O-N** {例如，〔**先进/a** 经验/n〕BNP **基础/n** 上/f}

（2）拒绝模板 2：**a-O-O-N** n-B-BNP-C {例如，**重大/a**〔**国际/n** 问题/n〕BNP }

（3）拒绝模板 3：**a-O-O-N** u-O-O-N n-B-BNP-C {例如，**独特/a** 的/u〔**自然/n** 景观/n〕BNP }

在接受搭配模板和拒绝搭配模板的基础上，Xu 和 Lu（2005）通过以下两种策略改进基于统计的搭配抽取系统。第一，在预处理阶段，利用接受搭配模板过滤伪搭配。仅当一个词组的句法关系与其中一个接受搭配模板相匹配时，该词组才会被保留作为输入。第二，使用接受和拒绝搭配模板，估计一个词组在句法上构成搭配的概率，并将此概率整合作为附加特征。实验表明，这两种策略可以有效提升基于统计的搭配抽取系统的性能。同时，第二种策略有利于避免由句法分析产生的主导效应。

8.4　基于语义的方法

由于搭配的语义受限性和语言相关性，语义信息可用于提升搭配抽取的性能。

8.4.1　同义词替换测试

Pearce（2001）提出了一种基于语义的方法，通过同义词替换测试来改进搭配抽取系统。习惯搭配的可替换性十分受限，某些搭配很少能被其他词，甚至其同义词替换，因此这种方法分析了候选搭配中可能的同义词替换。在语料库中，如果一个同义词替换词组的出现频率超过阈值，则其对应的原始词组仅仅是语法上相关，而不是真正的搭配。该方法中，同义词表的构建运用了 WordNet 中的知识。

在中文搭配抽取工作中，Xu 等（2006）使用同义词替换率来估计搭配词之间的语义受限性。例如，"晶体/n""晶/n""结晶体/n"和"结晶/n"是一组同义词，其中只有"结晶/n"经常与"爱情/n"共现，因此"爱情/n 结晶/n"是一个真正的搭配。与之相反，另一组同义词"外地/n""外边/n""他乡/n"和"外乡/n"，都可以和"去/v"结合，所以这些词组都不是真正的搭配。Li 等（2004）在同义词替换测试中使用了不同的策略——将目标中文搭配的词项替换成各自对应的同义词。结果表明，与原始搭配相比，共现很低但语义相近的搭配也可以被抽取。

8.4.2　翻译测试

通过估计候选搭配的非复合性，翻译测试是另一种有效的搭配抽取方法。如果一个词组不能逐字地翻译成另一种语言，则说明该词组往往是非复合的，也就是真正的搭配。Manning 和 Schütze（1999）给出的例子表明，通过比较英译法的结果，可以识别一些英文搭配。例如，在汉英字典中，"打/v"通常表示"beat（拍）"、"hit（击）"、"strike（敲）"和"spank（揎）"。但是，"打/v 酱油/n"中的"打/v"不能翻译成任何上述的英语单词，其正确的翻译是"buy soy sauce（买酱油）"。因此，"打/v 酱油/n"是真正的中文搭配。

此外，Wu 和 Zhou（2003）提出了一种方法，通过集成同义词关系和上下文单词的中英文翻译，实现英文同义搭配的自动抽取，最终结果表明该方法很有前景。这种方法可以有效地识别对应的双语搭配，比如"订/v 机票/n（book ticket）"和"沉重/ad 打击/v（seriously strike）"。

8.5　基于分类的方法

大多数搭配抽取算法的准则和阈值都很单一。然而，由于不同类型的搭配具有不同的特征，这种单一性显然是不恰当的。Xu 和 Lu（2006）提出了一种基于分类的中文搭配抽取系统，该系统通过使用不同的特征组合，分别识别不同类型的搭配（如第 7 章中所述）。该系统整合了上述三种基本方法的特征，包括以下六个步骤。

第一步是索引，构建每一中心词的二元词组共现词表。第二步，整合共现频率和共现分布等基于统计的特征，用于识别二元词组中的候选搭配。第三步，抽取经常连续共现的二元词组，以此作为 n 元搭配。第四步，将所有候选搭配分类为固定搭配（1 型）和强搭配（2 型）。由于 1 型和 2 型搭配有很强的语义关联，同义词替换率可以作为一个关键的判别特征；同时，这两种类型的搭配的可修改性十分受限，因此峰值分布是另一个关键特征。所有特征总结如下：

（1）共现频率大于阈值。

（2）共现分布特征值大于阈值。

（3）二元词组中有一个位置共现峰值，且该峰值对应的共现频率大于阈值。

（4）二元词组中，任何一个词的同义词替换率都小于阈值。

满足以上条件的二元词组将被判别为 1 型和 2 型搭配。例如，中心词"安全/ad"的真正搭配包括"度汛/v"和"运行/v"。

仅仅基于统计的搭配抽取技术很难消除候选搭配中的伪搭配（经常同现的复合词但不是真正的搭配）。以下是中心词"安全/ad"的常见共现词：

确保/v 城市/n 安全/ad 度汛/v，

确保/v 全市/n 安全/ad 度汛/v，

确保/v 三峡/ns 大坝/n 安全/ad 度汛/v，

{安全/ad，度汛/v}和{确保/v，安全/ad}都经常共现，但是只有前者是真正的搭配。依存关系信息十分有利于消除伪搭配。Xu 等（2006）提出了 47 个基于依存文法的启发式规则，在第五步中，可以以此删除一些与已知固定搭配和强搭配共现的二元词组。以下给出 4 个示例规则。

示例规则 1：对于名词性中心词，如果已经识别出一个"动词-名词"的搭配，则其他所有在动词窗口另一侧的名词都不会与中心词构成搭配。例如，以下句子中，"保护/v 文物/n"是中心词为"文物/n"的搭配：

● 利用/v 新/a 技术/n 保护/v 文物/n

下划线的名词可以从候选搭配中消除。

示例规则 2：对于动词性中心词，如果已经识别出一个"副词-动词"的搭配，则其他所有在动词窗口另一侧的副词或同侧被名词/动词间隔的副词都可以被消除。例如，"大力/ad 支持/v"是中心词为"支持/v"的 2 型二元搭配。

以下句子中，下划线的副词都可以从候选搭配中消除：

- <u>真诚</u>/ad 感谢/v <u>大力</u>/ad 支持/v 和/c <u>无偿</u>/ad 协助/v

示例规则 3：对于形容词性中心词，如果已经识别出一个"形容词-名词"的搭配，则所有在上下文窗口中的"形容词-名词"和"形容词-动词"二元词组都可以被消除。例如，以下句子中，"丑恶/a 嘴脸/n"是中心词为"丑恶/a"的搭配：

- <u>揭露</u>/v <u>奸商</u>/n 的/u 丑恶/a 嘴脸/n

下划线的词并非中心词"丑恶/a"的共现词，因此可以从"丑恶/a"的候选搭配中消除。

示例规则 4：对于副词性中心词，如果已经识别出一个"副词-动词"的搭配，则该副词不会与另一侧任何的动词构成搭配。因此，另一侧所有共现的动词都可以从候选搭配中消除。例如，以下句子中，"安全/ad 度汛/v"是中心词为"安全/ad"的搭配，因此其中下划线的动词不会与"安全/ad"构成搭配：

- <u>确保</u>/v <u>城市</u>/n 安全/ad 度汛/v

最后在第六步中，整合 3 型搭配的一组特征，其中包括句法分布相似性、共现频率、共现分布和同义词替代率，用于 3 型搭配的识别。

与单一搭配抽取系统相比，由于在不同阶段采用各种有效的策略识别不同类型的搭配，该系统具有更好的性能。

8.6 参 考 基 准

目前，中文搭配自动抽取的领域中，有两个基准数据集可用。

8.6.1 《现代汉语搭配词典》（电子版）

7.5.2 节中介绍的《现代汉语搭配词典》给出了几千个中心词的一些典型搭配（Mei，1999）。香港理工大学的研究团队分析了该词典中的每个词条，删除了一些与本书定义不符的搭配，然后统计了每个搭配在参考语料库中的共现频率，只有满足给定阈值要求的搭配可以保留。最终，保留了 3643 个中心词，及其对应的 35 742 个二元搭配和 6872 个 n 元搭配。

大多数发表的中文搭配抽取算法，一般只在很少的中心词上进行性能测试。在此资源基础上，中文搭配抽取算法的性能评估可以覆盖更多的搭配。此外，该资源还为不同的搭配抽取算法的比较提供了测试基准。

8.6.2　100个中文中心词的搭配

这个数据集包含对应参考语料库中超过 100 个的中心词完整搭配表。随机选择出现频率范围从 57（"珍稀/a"）到 75 987（"关系/n"）的 134 个词条（47 个名词，39 个动词，31 个形容词和 17 个副词），组建中心词集。在所有能够与相应中心词构成二元词组的词中，研究团队的两个语言学家已经人工识别了所有的真正搭配（Xu and Lu，2006），其中包括 4668 个二元搭配和 935 个 n 元搭配。该数据集为不同搭配抽取算法的性能评估提供了标准答案，也是第一次尝试为中文搭配抽取研究提供大型语料库中的超过 100 个中心词的完整搭配表。在这个数据集的基础上，可以同时评估搭配抽取算法的精确率和召回率，而大多数现有的研究只考虑精确率而缺少对召回率的评估。因此，该数据集能使不同算法得到更客观和更全面的性能评估。

8.7　小　　结

本章阐述了中文搭配抽取的主要方法。这些方法基于不同的目标搭配特性。其中，基于窗口统计的方法是大多数搭配抽取系统的基础；共现频率反映了搭配反复出现的特性，而共现分布可以反映搭配的有限可修改性。基于句法结构的方法，强调二元搭配在句法上必须是相互依存的，因此可以作为特征并入系统以改进性能。基于语义的方法考虑了词项的有限可替换性。随后讨论了基于分类的混合方法。实验表明这种方法是有效的，并且奠定了未来中文搭配抽取研究的基础。最后，本章介绍了用于自动中文搭配抽取系统性能评估的两个基准数据集。

参 考 文 献

黄昌宁，赵海，2007. 中文分词十年回顾. 中文信息学报，21(3)：8-19.

冷玉龙，韦一心，1994. 中华字海. 北京：中国友谊出版社.

梅家驹，竺一鸣，高蕴琦，1983. 同义词词林. 上海：上海辞书出版社.

中国社会科学院语言研究所词典编辑室，2005. 现代汉语词典. 北京：商务印书馆.

周行健，1997. 现代汉语规范用法大辞典. 北京：学苑出版社.

Allerton DJ. Three or four levels of co-occurrence relations. Linguistics 1984; 63: pp. 17-40.

Benson M. Collocations and general-purpose dictionaries. International Journal of Lexicography 1990; 3(1): pp. 23-35. doi:10.1093/ijl/3.1.23.

Benson M. Collocations and idioms. In: Dictionaries, Lexicography and Language Learning. Oxford: Pergamon Press; 1985.

Benson M, Benson E, Ilson R. The BBI Combinary Dictionary of English: A Guide to Word Combinations. John Benjamin Publishing Company, 1986.

Blaheta D, Johnson M. Unsupervised learning of multi-word verbs. In: Proceeding of ACL'01 Workshop on Collocation, July 7, 2001, Toulouse, France. pp. 54-60.

Brill E. Transformation-based error-driven learning and natural language processing: A case study in part-of-speech tagging. Computational Linguistics 1995; 21(4): pp. 543-565 [December].

Brundage et al. Multiword lexemes: A monolingual and contrastive typology for natural language processing and machine translation. Technical Report 232 - IBM; 1992.

Carter R. Vocabulary: Applied Linguistic Perspectives. London: Routledge; 1987.

Chao YR. A Grammar of Spoken Chinese. Berkeley: University of California Press; 1968.

Chen A, Zhou Y, Zhang A, Sun G. Unigram language model for Chinese word segmentation. In: Proceedings 4th SIGHAN Workshop on Chinese Language Processing, October 14-15, 2005, Jeju Island, Korea. pp. 138-141.

Chen C, Bai M, Chen K. Category guessing for Chinese unknown words. In: Proceedings of Natural Language Processing Pacific Rim Symposium, NLPRS 1997, December 2-4 1997, Phuket, Thailand. pp. 35-40.

Chen K, Ma W. Unknown word extraction for Chinese documents. In: Proceedings of the 19th International Conference on Computational Linguistics (COLING'02), August 24-September 1, 2002, Taipei, China. pp. 169-175. doi: 10.3115/1072228.1072277.

Chen KJ, Chen CJ. Knowledge extraction for identification of Chinese organization names. In: Proceedings of the Second Workshop on Chinese Language Processing, October 2000, Hong Kong，China. pp. 15-21. doi: 10.3115/1117769.1117773.

Chen KJ, Ma WY. Unknown word extraction for Chinese by a Corpus-based learning method, International Journal of Computational Linguistics and Chinese Language Processing (IJCPOL) 1998; 3(1): pp. 27-44.

Chen Y, Zeng M. Development of an automated indexing system based on Chinese words segmentation (CWSAIS) and its application. Journal of Information Science 1999; 10(5): pp. 352-357. [In Chinese].

Cheng KS, Yong GH, Wong KF. A study on word-based and integral-bit Chinese text compression algorithms. Journal of American Society of Information System (JASIS) 1999; 50(3): pp. 218-228. doi: 10.1002/(SICI) 1097-4 571(1999)50: 3<218：：AID-ASI4>3.0.CO; 2-1.

Chien LF. PAT-tree based adaptive keyphrase extraction for intelligent Chinese information retrieval. Information Processing and Management 1999; 35(4): pp. 501-521. doi: 10.1016/ S0306-4573(98)00054-5.

Choueka Y. Looking for needles in a haystack or locating interesting collocation expressions in large textual database. In: Proceedings of the RIAO'98 Conference on User-Oriented Content-Based Text and Image Handling, March 21-24, 1998, Cambridge, MA. pp. 21-24.

Choueka Y, Klein T, Neuwitz E. Automatic retrieval of frequent idiomatic and collocational expressions in a large corpus. ALLC Journal 1983; 4: pp. 34-38.

Church K, et al. Using statistics in lexical analysis. In: Zernik U (Ed.), Lexical Acquisition: Using On-Line Resources to Build a Lexicon. Hillsdale: Lawrence Erlbaum; 1991. pp. 1-27.

Church K, Gale W. A comparison of the enhanced Good-Turing and deleted estimation methods for estimating probabilities of English bigrams. Computer Speech and Language 1991; 5(1): pp. 19-54. doi: 10.10 16/0885- 2308(91)90016-J.

Church K, Mercer R. Introduction to the special issue on computational linguistics using large corpora. Computational Linguistics 1993: (19); pp. 1-24.

Church KW. A stochastic parts program and noun phrase parser for unrestricted text. In: Proceedings of 2nd Conference on Applied Natural Language Processing, February 9-12, 1988, Austin, TX. pp. 136-143. doi: 10.3115/ 974235.974260.

Church KW, et al. Word association, mutual information and lexicography. In: Proceedings of 27th Annual Me etingof the Association for Computational Linguistics (ACL'89), June 26-29, 1989, University of British C olumbia, Vancouver, BC, Canada. pp. 76-83. doi: 10.3115/981623.981633.

Church KW, Hanks P. Word association norms, mutual information, and lexicography. Computational Linguistics 1990; 16(1): pp. 22-29.

Cowie AP. The place of illustrative material and collocations in the design of a learner's dictionary. In: Strevens P. (Ed.), In Honor of A. S. Hornby. Oxford: Oxford University Press; 1978. pp. 127-139.

Cowie AP, Mackin R. Oxford Dictionary of Current Idiomatic English. London: Oxford University Press, 1975.

Cui S, Liu Q, Meng Y, Yu H, Fumihito N. New word detection based on large-scale corpus. Journal of Computer Research and Development 2006; 43(5): pp. 927-932. doi: 10.1360/crad20060524.

DeFrancis J. The Chinese Language: Facts and Fantasies. Honolulu: University of Hawaii Press; 1984.

DeFrancis J, et al. ABC Chinese English Dictionary. Honolulu: University of Hawaii Press; 2005.

Deng Q, Long Z. A microcomputer retrieval system realizing automatic information indexing. Journal of Information Science1987; 6: pp. 427-432. [In Chinese].

Dunning T. Accurate methods for the statistics of surprise and coincidence. Computational Linguistics 1993; 19(1): pp. 61-74.

Fagan JL. The effectiveness of a non-syntactic approach to automatic phrase indexing for document retrieval. Journal of the American Society for Information Science 1989; (40): pp. 115-132.

Fano R. Transmission of Information. Cambridge, MA: MIT Press; 1961. pp. 17-23.

Fellbaum C. WordNet: An Electronic Lexical Database. Cambridge, MA: MIT Press; 1999.

Fillmore C. Frame semantics. In: Linguistics in the Morning Calm. Seoul: Hanshin Publishing Co.; 1982.

Firth JR. Modes of meaning. Papers in Linguistics 1934-51. Oxford University Press; 1957. pp. 190-215.

Florian R, Ngai G. Multidimensional transformation-based learning. In: Proceedings of 5th Workshop on Computational Language Learning (CoNLL01), December 11, 2001, Toulouse, France. pp. 1-8. doi: 10.3115/1117822.1117823.

Forney GD. The Viterbi algorithm. Proc. IEEE 1973; 61: pp. 268-278. [March].

Friedman T. The World is Flat. April 2005. ISBN 0-374-29288-4.

Fu G. Research on statistical methods of Chinese syntactic disambiguation. Doctor Thesis. The Harbin Institute of Technology (HIT), China; 2001.

Fung P. Extracting key terms from Chinese and Japanese texts. International Journal on Computer Processing of

Oriental Language, Special Issue on Information Retrieval and Oriental Languages 1998; pp. 19-121.

Gale W, Church K, Yarowsky D. A method for disambiguating word senses in a large corpus. Computers and the Humanities 1993; 26: pp. 415-439.

Gao W, Wong KF. Experimental studies using statistical algorithms on transliterating phoneme sequences for English-Chinese name translation. International Journal of Computer Processing of Oriental Language 2006; 19(1): pp. 63-88.

Gao W, Wong KF, Lam W. Improving transliteration with precise alignment of phoneme chunks and using contextual features. In: Proceedings of 1st Asia Information Retrieval Symposium (AIRS2004), October 18-20, 2004, Beijing, China. pp. 63-70.

Gao J, Li M, Wu A, Huang CN. Chinese word segmentation and named entity recognition: A pragmatic approach. Computational Linguistics 2005; 31(4): pp. 531-574. [December]. doi: 10.1162/089120105775299177.

Ge X, Pratt W, Smyth P. Discovering Chinese words from unsegmented text. In: Proceedings of the 22nd Annual International ACM SIGIR Conference on Research and Development in Information Retrieval (SIGIR'99), August 15-19, 1999, Berkeley, CA. pp. 271-272. doi: 10.1145/312624.313472.

Gitsaki C, et al. English collocations and their place in the EFL classroom; 2000. pp. 121-126.

Goldman JP, et al. Collocation extraction using a syntactic parser. In: Proceedings of 39th Annual Meeting of Association on Computational Linguistics (ACL-0), July 9-11, 2001, Toulouse, France. pp. 61-66.

Greenbaum S. Some verb-intensifier collocations in American and British English. American Speech 1974; (49): pp. 79-89. doi: 10.2307/3087920.

Halliday MAK. Lexical relations. In: Kress C. (Ed.), System and Function in Language. Oxford: Oxford University Press; 1976.

Hindle D. Noun classification from predicate argument structures. In: Proceedings of the 28th Annual Meeting of the Association for Computational Linguistics (ACL-90), June 6-9, 1990, University of Pittsburgh, Pittsburgh, PA. pp. 268-275. doi: 10.3115/981823.981857.

Hockenmaier J, Brew C. Error-driven segmentation of Chinese. In: Proceedings of the 12th Pacific Conference on Language, Information and Communication (PACLIC), February 18-20, 1998, Singapore. pp. 218-229.

Hoey M. Patterns of Lexis in Text. Oxford: Oxford University Press; 1991.

Huang C. Segmentation problem in Chinese processing. Applied Linguistics 1997; 1: pp. 72-78. [In Chinese].

Huang CR, Chen KJ, Chang L, Chen FY. Segmentation standards for Chinese natural language process ing. International Journal of Computational Linguistics and Chinese Language Processing 1997; 2(2): p

p. 47-62. ICT 2008. http://ictclas.org/.

Ide N, Veronis J. Introduction to the special issue on word sense disambiguation: The state of the art. Computational Linguistic 1998; 24(1): pp. 1-41.

Internet World Stats. Top Ten Languages Used in the Web. (http://www.internetworldstats.com/stats7.htm).

Jin H, Wong KF. A Chinese dictionary construction algorithm for information retrieval. ACM Transactions on Asian Language Information Processing, 2002; 1(4): pp. 281-296. [Dec.]. doi: 10.1145/795458.795460.

Justeson S, Katz SM. Technical terminology: Some linguistic properties and an algorithm for identification in text. Natural Language Engineering 1995; 1: pp. 9-27. doi: 10.1017/S1351324900000048.

Kang SY, Xu XX, Sun MS. The research on the modern Chinese semantic word formation. Journal of Chinese Language and Computing 2005; 15 (2): pp. 103-112.

康熙字典 (Kangxi Dictionary), 1716.

Kilgarriff A. Metrics for Corpus Similarity and Homogeneity. University of Brighton, UK; 1998.

Kjellmer G. Some thoughts on collocational distinctiveness. In: Corpus Linguistics: Recent Developments in the Use of Computer Corpora in English Language Research. Costerus N.S.; 1984.

Lafferty J, McCallum A, Pereira, F. Conditional random fields: probabilistic models for segmenting and labeling sequence data. In: Proceedings of International Conference on Machine Learning (ICML), June 28-July 1, 2001, Williamstown, MA. pp. 282-289.

Li M, Gao JF, Huang CN, Li JF. Unsupervised training for overlapping ambiguity resolution in Chinese word segmentation. In: Proceedings of 2nd SIGHAN Workshop on Chinese Language Processing, July 11-12, 2003, Sapporo, Japan. pp. 1-7. doi: 10.3115/1119250.1119251.

Li H, Huang CN, Gao J, Fan X. The use of SVM for Chinese new word identification. In: Proceedings of 1st International Joint Conference on Natural Language Processing (IJCNLP'04), March 22-24, 2004, Hainan, China. pp. 723-732.

Li WY, et al. Similarity based Chinese synonyms collocation extraction. International Journal of Computational Linguistics and Chinese Language Processing 2005; 10(1): pp. 123-144.

Lin DK. Extracting collocations from text corpora. In: Proceedings of First Workshop on Computational Terminology, 1998, Montreal.

Lin DK. Using syntactic dependency as local context to resolve word sense ambiguity. In: Proceedings of ACL/EACL-97, July 7-12, 1997, Madrid, Spain. pp. 64-71. doi: 10.3115/979617.979626, doi: 10.3115/976909.979626.

Liu J, Liu Y, Yu S. The specification of the Chinese concept dictionary. Journal of Chinese Language and Computing

2003; 13(2): pp. 177-194. [In Chinese].

Liu Q, Li S, Word similarity computing based on HowNet. International Journal on Computational Linguistics and Chinese Language Processing 2002; 7(2); pp. 59-76. [August].

Liu Y. New advances in computers and natural language processing in China. Information Science 1987; 8: pp. 64-70.

Liu Y, Yu SW, Yu JS. Building a bilingual WordNet-like lexicon: The new approach and algorithms. In: Proceedings of the 19th International Conference on Computational Linguistics (COLING'02), August 24-September 1, 2002, Taipei, China. doi: 10.3115/1071884.1071891.

Lu Q, Li Y, Xu R. Improving Xtract for Chinese collocation extraction. In: Proceedings of IEEE International Conference on Natural Language Processing and Knowledge Engineering, Beijing, China, 2003. pp. 333-338.

Lu Q, Chan ST, Xu RF, et al. A Unicode based adaptive segmentor. Journal of Chinese Language and Computing 2004; 14(3): pp. 221-234.

Lua KT. 《汉字的联想与汉语语义场》, Communications of COLIPS 1993; 3(1): pp. 11-30.

Luo X, Sun MS, Tsou B. Covering ambiguity resolution in Chinese word segmentation based on contextual information. In: Proceedings of COLING 2002, August 24–September 1, 2002, Taipei, China. pp. 598-604.

Luo Z, Song R. An integrated method for Chinese unknown word extraction. In: ACL Workshop on Automatic Alignment and Extraction of Bilingual Domain Ontology For Medical Domain Web Search, July 2004, Barcelona, Spain.

Lü S. Xiandai Hanyu Danshuang Yinjie Wenti Chutan (Preliminary investigation on the mono/disyllabic issue in modern Chinese.) Zhongguo Yuwen 1963: pp. 10-22. [in Chinese].

Lü YJ, Zhou M. Collocation translation acquisition using monolingual corpora. In: Proceedings of the 42nd Annual Meeting of the Association for Computational Linguistics (ACL'04), July 21-26, 2004, Barcelona, Spain. pp.167-174. doi: 10.3115/1218955.1218977.

Manning CD, Schütze H. Foundations of Statistical Natural Language Processing. MIT Press; 1999.

Martin W, Al B, van Sterkenburg P. On the processing of a text corpus: From textual data to lexicographical information. In: Hartman R (Ed.), Lexicography, Principles and Practice. London: Applied Language Studies Series, Academic Press, 1983.

Mckeown R, et al. Collocations. In: Dale R, et al. (Eds.), A Handbook of Natural Language Processing. New York: Marcel Dekker; 2000.

Mei JJ. Dictionary of Modern Chinese Collocations. Hanyu Dictionary Press, 1999. [In Chinese].

Miller GA. Introduction to Word-Net: An online lexical database. International Journal of Lexicography 1990; pp. 235-

244.

Miller GA, Beckwith R, Felbaum C, Gross D, Miller K. Introduction to WordNet: An On-line Lexical Database. 1993.

Mitchell TF. Principles of Firthian Linguistics. London: Longman Press; 1975.

Mitra M, Buckley C, Singhal A, Cardie C. An analysis of statistical and syntactic phrases. In: Proceedings of RIAO'97
Conference on Computer-Assisted Searching on the Internet, June 25-27, 1997, Montreal, Quebec, Canada. pp. 200-
214.

MSRA 2008. http://research.microsoft.com/en-us/downloads/7a2bb7ee-35e6-40d7-a3f1-0b743a56b424/default.aspx.

Nie JY, Hannan ML, Jin WY. Unknown word detection and segmentation of Chinese using statistical and heuristic
knowledge. Communication of COLIPS 1995; 5(1-2): pp. 47-57.

Palmer D, Burger J. Chinese word segmentation and information retrieval. In: Proceedings of 1997 AAAI Spring
Symposium on Cross-Language Text and Speech Retrieval, March 24-26, 1997, Stanford, CA. pp. 175-178.

Pearce D. A comparative evaluation of collocation extraction techniques. In: Proceedings of 3rd International
Conference on Language Resources and Evaluation, May 29-31, 2002, Las Palmas, Spain. pp. 1530-1536.

Pearce D. Synonymy in collocation extraction. In: NAACL 2001 Workshop: WordNet and Other Lexical Resources:
Applications, Extensions and Customizations, June 3 2001, Carnegie Mellon University. pp. 41-46.

Pecina P. An extensive empirical study of collocation extraction methods. In: Proceedings of the ACL'05 Student
Research Workshop, June 27, 2005, Michigan, USA. pp. 13-18.

Peng F, Feng F, McCallum A. Chinese segmentation and new word detection using conditional random fields. In:
Proceedings of the 20th International Conference on Computational Linguistics (COLING04), August 23-27, 2004,
Geneva, Switzerland. pp. 562-568. doi: 10.3115/1220355.1220436.

Peng F, Schuurmans D. Self-supervised Chinese word segmentation. In: Proceedings of 4th International Symposium
on Intelligent Data Analysis (IDA'01), September 13-15, 2001, Lisbon, Portugal. pp. 238-247. doi: 10.1007/3-540-
44816-0_24.

Ponte M, Crof W. Useg: A retargetable word segmentation procedure for information retrieval. In: Proceedings of 5th
Symposium on Document Analysis and Information Retrieval (SDAIR'96), April 15-17, 1996, Las Vegas, USA.

Rogghe B. The computation of collocations and their relevance to lexical studies. In: The Computer and Literary
Studies. Edinburgh, NewYork: University Press; 1973. pp. 103-112.

Salton G, Buckley C. Term weighting approaches in automatic text retrieval. Information Processing and Management
1988; 24/5: pp. 513-523. doi: 10.1016/0306-4573(88)90021-0.

Sang ETK, Veenstra J. Representing text chunks. In: Proceedings of the 9th European Chapter of Association of

Computation Linguistics (EACL'99), June 8-12, 1999, Bergen, Belgium. pp. 173-179. doi: 10.3115/977035.977059.

Shimohata S. Retrieving domain-specific collocations by co-occurrences and word order constraints. Computational Intelligence 1999; 15(2): pp. 92-100. doi: 10.1111/0824-7935.00085.

Shimohata S, et al. Retrieving collocations by co-occurrences and word order constraints. In: Proceedings of the 35th Annual Meeting of the ACL and 8th Conference of the EACL, July 7-12, 1997, Madrid, Spain. pp. 476-481. doi: 10.3115/979617.979678, doi: 10.3115/976909.979678.

Sinclair J. Collins COBUILD English Dictionary. London: Harper Collins.1995.

Sinclair J. Corpus, Concordance, Collocation. Oxford: Oxford University Press, 1991.

Smadja F. Retrieving collocations from text: Xtract. Computational Linguistics 1993; 19(1): pp. 143-177.

Snedecor et al. Statistical Methods. Ames, IA: Iowa State University Press; 1989.

Sornlertlamvanich V, Potipiti T, Charoenporn T. Automatic corpus-based Thai word extraction with the C4.5 learning algorithm. In：Proceedings of 18th International Conference on Computational Linguistics (COLING2000), July/Aug. 2000, Saarbrucken, Germany. pp. 802-807. doi: 10.3115/992730.992762.

Sproat R, Emerson T. The first international Chinese word segmentation bakeoff. In: The Second SIGHAN Workshop on Chinese Language Processing, July 2003, Sapporo, Japan. doi: 10.3115/1119250.1119269.

Sproat R, Shih C. A statistical method for finding word boundaries in Chinese text. Computer Processing of Chinese and Oriental Languages 1990; 4(4): pp. 336-351.

Sproat R, Shih C, Gale W, Chang N. A stochastic finite-state wordsegmentation algorithm for Chinese. Computational Linguistics 1996; 22(3): pp. 377-404.

Stolcke A. Linguistic knowledge and empirical methods in speech recognition. AI Magazine 1997; 18(4): pp. 25-31.

Sun HL. Distributional properties of Chinese collocations in text. In: Proceedings of 1998 International Conference on Chinese Information Processing. Tsinghua University Press; 1998. pp. 230-236.

Sun J, Zhou M, Gao J. A class-based language model approach to Chinese named entity identification. International Journal of Computational Linguistics and Chinese Language Processing 2003; 8(2): pp. 1-28. [August].

Sun MS, Fang J, Huang CN. A preliminary study on the quantitative analysis on Chinese collocations. Chinese Linguistics 1997; (1): pp. 29-38. [In Chinese].

Sun MS, Shen D, Tsou BK. Chinese word segmentation without using lexicon and hand-crafted training data. In: Proceedings of the 36th Annual Meeting of the Association for Computational Linguistics and the 17th International Conference on Computational Linguistics (ACL/COLING'98), August 1998, Montreal, Canada. pp. 1265-1271.

Teahan W, Wen Y, Witten I. A compression-based algorithm for Chinese word segmentation. Computational Linguistics

2000; 26(3): pp. 375-393. doi: 10.1162/089120100561746.

Tseng H. Semantic classification of Chinese unknown words. In: Proceedings of the 41st Annual Meeting on Association for Computational Linguistics, July 7-12, 2003, Sapporo, Japan. pp. 72-79. doi: 10.3115/1075178.1075188.

Tseng H, Chang P, Andrew G, Jurafsky D, Manning C. A conditional random fields word segmenter for SIGHAN bakeoff. In: Proceedings of the 4th SIGHAN Workshop on Chinese Language Processing, October 14-15, 2005, Jeju Island, Korea. pp. 168-171.

Uchimoto K, Ma Q, Murata M, Ozaku H, Isahara H. Named entity extraction based on a maximum entropy model and transformational rules. In: Proceedings of 38th Annual Meeting of the Association for Computational Linguistics (ACL'00), October 3-6, 2000, Hong Kong, China. doi: 10.3115/1075218.1075260.

Vapnik VN. The Nature of Statistical Learning Theory. Springer; 1995.

Wang D, Yao T. Using a semi-supervised learning mechanism to recognize Chinese names in unsegmented text. In: Proceedings of International Conference on Computer Processing of Oriental Languages (ICCPOL'03), August 3-6, 2003, Shenyang, China.

Wei N. The Definition and Research System of the Word Collocation. Shanghai: Shanghai; 2002. [in Chinese].

Wong KF, Lam SS, Lum V. Extracting the inter-word semantic relationship from 《同义词词林》. International Journal of Computer Processing of Oriental Languages (IJCPOL) 1997; 10(3): pp. 299-320.

Wu A, Jiang Z. Statistically-enhanced New Word identification in a rule-based Chinese system. In: Proceedings of the 2nd Chinese Language Processing Workshop, October 7-8, 2000. pp. 46-51. doi: 10.3115/1117769.1117777.

Wu A, Jiang Z. Word segmentation in sentence analysis. In: Proceedings of 1998 International Conference on Chinese Information Processing, 1998, Beijing, China. pp. 169-180.

Wu F, Zhou M. A comparator for Chinese text information retrieval. In: Proceedings of 1st International Conference on Computers & Application, 1984, IEEE Computer Society, Beijing. pp. 37-41.

Wu H, Zhou M. Synonymous collocation extraction using translation information. In: Proceedings of ACL 2003, July 8-10, 2003. pp. 120-127. doi: 10.3115/1075096.1075112.

Wu W, Tian H. The dictionary method of realizing automatic indexing of scientific and technical documents. Journal of Information Science1988; 2: pp. 97-105. [In Chinese].

Wu Y, Zhao J, Xu B. Chinese named entity recognition combining a statistical model with human knowledge. In: Proceedings of the ACL 2003 Workshop on Multilingual and Mixed-language Named Entity Recognition, July 12, 2003, Sapporo, Japan. pp. 65-72. doi: 10.3115/1119384.1119393.

Wu Z, Tseng G. Chinese text segmentation for text retrieval: Achievements and problems. Journal of the American

Society for Information Science (JASIS) 1993. doi: 10.1002/(SICI)1097-4571(199310)44: 9<532∷AID-ASI3>3.0.CO;2-M.

Xia F. The segmentation guidelines for the Penn Chinese Treebank (3.0). Technical Report IRCS Report 00-06, University of Pennsylvania, USA, October 17 2000.

Xiao Y, Sun MS, Tsou BK. Preliminary study on resolving covering ambiguities in Chinese word segmentation by contextual information in vector space model. Computer Engineering and Application (Beijing) 2001; pp. 87-89.

Xu RF, Lu Q. A multi-stage collocation extraction system. In: Yeung DS (Eds.), The Advances in Machine Learning and Cybernetics, Lecture Notes on Artificial Intelligences (LNAI 3930). Berlin Heidelberg: Springer-Verlag; 2006. pp. 740-749. doi: 10.1007/11739685_77.

Xu RF, Lu Q. Collocation extraction with chunking information. In: Proceedings of IEEE Conference on Natural Language Processing and Knowledge Engineering (NLP-KE'05), October 30-November 1, 2005, Wuhan, China. pp. 52-57. [Accepted for publication].

Xu RF, Lu Q, Li SJ. The design and construction of a Chinese collocation bank. In: Proceedings of 5th International Conference on Language Resources and Evaluation, May 24-26, 2006, Genoa, Italy. 2006.

Xue N. Defining and Automatically Identifying Words in Chinese. Ph.D. thesis, University of Delaware, USA, Fall 2001. http: //verbs.colorado.edu/~xuen/publications/xue_diss.pdf.

Xue N, Shen L. Chinese word segmentation as LMR tagging. In: Proceedings of 2nd SIGHAN Workshop on Chinese Language Processing, 2003. pp. 176-179. doi: 10.3115/1119250.1119278.

Yarowsky D. Unsupervised word sense disambiguation rivaling supervised methods. In: Proceedings 33rd Annual Meeting of the Association for Computational Linguistics (ACL-95), June 26-30, 1995, MIT, Cambridge, MA. pp. 189-196. doi: 10.3115/981658.981684.

Yarowsky D. Word sense disambiguation using statistical models of Roget's categories trained on large corpora. In: Proceedings of COLING-92, August 23-28, 1992, Nantes, France. pp. 454-466.

Yu H, Zhang H, Liu Q. Recognition of Chinese organization name based on role tagging. In: Proceedings of the 20th International Conference on Computer Processing of Oriental Languages, August 3-6, 2003, Shenyang, China; 2003a. pp. 79-87.

Yu JS, et al. Automatic detection of collocation. In: Proceedings of 4th Semantic Lexical Semantics Workshop; 2003b.

Yu JS, Yu SW, Liu Y, Zhang HR. Introduction to CCD. In: Proceedings of International Conference on Chinese Computing (ICCC 2001), November 27-29, 2001, Singapore, 2001a.

Yu S, Duan H, Zhu X, Sun B. The basic processing of contemporary Chinese corpus at Peking University specification.

Journal of Chinese Information Processing 2002: 16(5); pp. 49-64 [16(6); pp. 58-65, In Chinese].

Yu S, Zhu X, Wang H. New progress of the grammatical knowledge-base of contemporary Chinese. Journal of Chinese Information Processing 2001b; 15(1): pp. 58-65. [In Chinese].

Zhai C. Exploiting context to identify lexical atoms: A statistical view of linguistic context. In: Proceedings of the International and Interdisciplinary Conference on Modeling and Using Context (CONTEXT-97), February 4-6, 1997, Rio de Janeiro, Brasil. pp. 119-128.

Zhang H, Liu Q. Automatic recognition of Chinese person name based on role tagging. Chinese Journal of Computer 2004; 27(1). [In Chinese].

Zhang Q, Hu G, Yue L. Chinese organization entity recognition and association on web pages. In: Proceedings of the 11th International Conference on Business Information Systems, 5-7 May 2008, Innsbruck, Austria. pp. 12-23. doi: 10.1007/978-3-540-79396-0_2.

Zhang S, Qin Y, Wen J, Wang X. Word segmentation and named entity recognition for SIGHAN Backoff 3. In: Proceedings of the 3rd SIGHAN Workshop, 2006. pp. 158-161.

Zhang SK, et al. Collocation Dictionary of Modern Chinese Lexical Words. Business Publisher, China, 1992.

Zheng J, Tan H, Liu K, Zhao J. Automatic recognition of Chinese place names: A statistical and rule-based combined approach. In: Proceedings of IEEE International Conference on Systems, Man and Cybernetics, 2001; pp. 2204-2209. [vol. 4].

Zhou J, Ni B, Chen J. A hybrid approach to Chinese word segmentation around CRFs. In: Proceedings of the 4th SIGHAN Workshop on Chinese Language Processing, October 14-15, 2005, Jeju Island, Korea. pp. 196-199.

Zhou M, et al. Improving translation selection with a new translation model trained by independent monolingual corpora. Computational Linguistics and Chinese Language Processing 2001; 6(1): pp. 1-26.

附　录

A.1　已出版词典

1.《汉英综合辞典》，夏威夷大学出版社.（ABC Chinese English Comprehensive Dictionary. University of Hawaii Press.）

2.《现代汉语词典》，中国社会科学院词典编辑室编，商务印书馆，北京.（1984）

3.《同义词词林》梅家驹、竺一鸣、高蕴琦、殷鸿翔，上海辞书出版社.（1983）

4.《现代汉语实词搭配词典》张寿康、林杏光，商务印书馆.（2002）

5.《现代汉语搭配词典》梅家驹，汉语大词典出版社.（1999）

A.2　电子词典

1.《现代汉语语义词典》，北京大学中国语言学研究中心. http://ccl.pku.edu.cn/ccl_sem_dict/.

2.《汉英命名实体对照列表》，第一版，新华社. http://www.ldc.upenn.edu/Catalog/CatalogEntry.jsp?catalogId=LDC2005T34.

3.《汉英翻译辞典》，第三版. http://www.ldc.upenn.edu/Catalog/CatalogEntry.jsp?catalogId=LDC2002L27.

A.3　电子知识库

1.　Simplified Chinese. Chinese WordNet. Southeast University and Vrije Universiteit，Amsterdam.

2.　Traditional Chinese. Chinese WordNet. Academic Sinica in Taiwan.

3.　Traditional Chinese. Bilingual Ontological WordNet. Academic Sinica in

Taiwan.

4.　Chinese Concept Dictionary. Institute of Computational Linguistics，Peking University.

5.　Chinese Word Bank. http://www.cwbbase.com:80/.

6.　Electric Expanded Tong Yi Ci Ci Lin (A Chinese Thesaurus). http://ir.hit.edu.cn.

7.　Suggested Upper Merged Ontology (SUMO).

8.　Dong Z，Dong Q. HowNet，A Chinese Knowledge Base.

9.　FrameNet. University of California at Berkeley.

10.　Chinese Proposition Bank. http://verbs.colorado.edu/chinese/cpb/.

11.　LDC Chinese Proposition Bank 1.0/2.0. http://www.ldc.upenn.edu/Catalog/CatalogEntry.jsp?catalogId=LDC2008T07.

12.　搜文解字–語文知識網路(SouWenJieZi—A Linguistic KnowledgeNet). August 1999. http://words.sinica.edu.tw/.

13.　*OpenCyc*，A Multi-Contextual Knowledge Base and Inference Engine. Cycorp. http://www.opencyc.org/.

A.4　语料库

1.　Sinica Balanced Corpus.

2.　Text REtrieval Conference (TREC) Corpus. http://www.ldc.upenn.edu/Catalog/CatalogEntry.jsp?catalogId=LDC2000T52.

3.　Chinese Gigaword，2nd ed. http://www.ldc.upenn.edu/Catalog/CatalogEntry.jsp?catalogId=LDC2005T14.

4.　Segmented and POS Tagged Chinese Gigaword，2nd ed. Academia Sinica，Taiwan. http://www.ldc.upenn.edu/Catalog/CatalogEntry.jsp?catalogId=LDC2007T03.

5.　Chinese Gigaword，3rd ed. http://www.ldc.upenn.edu/Catalog/CatalogEntry.jsp?catalogId=LDC2007T38.

6.　LDC Mandarin Chinese News Text. http://www.ldc.upenn.edu/Catalog/CatalogEntry.jsp?catalogId=LDC95T13.

7. Segmented and POS Tagged People Daily Corpus. Institute of Computational Linguistics，Peking University.

A.5　自动分词和语言处理平台

1. Institute of Computing Technology，Chinese Lexical Analysis System (ICTCLAS).

2. CKIP Segmentor and Parser. Chinese Knowledge Information Processing Group.

3. Chinese Natural Language Processing Platform. http://www.nlp.org.cn/.

4. Language Technology Platform(LTP):supporting Chinese word segmentation，POS tagging，named entity recognition，dependency parsing and semantic parsing. Harbin Institute of Technology. http://ir.hit.edu.cn/demo/ltp/.

A.6　句法树库

1. Penn Chinese Treebank 2.0/4.0/ 5.0/6.0. 100，000 words，325 articlesfrom Xinhua newswire between 1994 and 1998 GB code，with syntactic bracketing. http://www.ldc.upenn.edu/Catalog/CatalogEntry.jsp?catalogId=LDC2001T11，http://www.ldc.upenn.edu/Catalog/CatalogEntry.jsp?catalogId=LDC2004T05，http://www.ldc.upenn.edu/Catalog/Catalog-Entry.jsp?catalogId=LDC2005T01，http://www.ldc.upenn.edu/Catalog/CatalogEntry. jsp?catalogId=LDC2007T36.

2. CKIP Tree Bank. http://turing.iis.sinica.edu.tw/treesearch/.

3. Chinese Shallow Treebank and Chinese Chunk Bank. Hong Kong Polytechnic University. http://www4.comp.polyu.edu.hk/~cclab/.

A.7　其他工具

1. List of Chinese surnames，character frequency，and Chinese numbers. http://zhongwen.com/.

2. Conversion between GB and Big5，conversion between Unicode and Chinese，Chinese name gender guesser. Chinese Tools. http://www.chinese-tools.com/tools.